老朽橋探偵と学ぶ

謎解き！
橋の維持・補修

日経コンストラクション 編

日経BP社

はじめに

　2012年12月に発生した中央自動車道笹子トンネルの天井板崩落事故をきっかけに、インフラの老朽化が社会の注目を集めました。14年7月には道路施設の定期点検が義務化され、全国に約70万橋もある道路橋の全数監視が始まっています。

　ところが、橋の維持・補修に携わる技術者は不足気味。これまで新設に力を入れてきたのだから、無理もありません。「分かりやすい参考書がほしい」。そんな声を頻繁に耳にするようになりました。

　自治体などの道路管理者、建設コンサルタント会社や建設会社の技術者向けに、維持・補修の生の知識を楽しく学べる入門書を作れないものか――。そんな風に考え、維持管理の専門家にご協力頂きながら編集したのが本書です。

　橋のメンテナンスに関する豊富な知識を持つ「老朽橋探偵」とK助手の"迷"コンビが、四つのMISSION（ミッション）に挑みながら、維持・補修にまつわる「謎」を解き明かしていきます。

　ミッション1は肩慣らし。橋梁点検に必要となる最低限の知識を、豊富な写真や図とともにコンパクトにまとめました。工事に比べて軽視されがちな点検・調査時の安全管理についても解説しています。

　続くミッション2は、橋の形状や材料、施工方法などを手掛かりに、橋梁の竣工年代を推定する「応用編」です。橋の竣工年は、損傷原因の特定や長寿命化計画の作成に役立つ重要な情報ですから、是非とも推定に挑んでみてください。

　ミッション3では、補修・補強工事に潜む「落とし穴」に迫ります。早期に再劣化を招いた原因、工事中の重大事故を防ぐための方法などを掘り下げました。

　最終章となるミッション4では、クイズ形式で維持・補修の勘所を養います。あなたはいくつ正解できるでしょうか。

　本書を手に取ってくださった皆様に、維持・補修の奥深さや面白さに気付いて頂き、日本の道路インフラが良好な状態に保たれるようになれば、これに勝る喜びはありません。

日経コンストラクション編集部　木村 駿

目次

はじめに ……………………………………………………………………………… 3

MISSION1 異状を見抜く目を鍛えろ ………………… 9

［プロローグ］
70万橋の実態を把握せよ …………………………………………………… 10

［安全管理］
点検現場は危険がいっぱい ………………………………………………… 16

［部位別チェックポイント総覧］
橋面編：まずは路上から橋を「問診」 …………………………………… 24
高欄・防護柵／排水升・排水管／橋面（舗装面）／伸縮装置／橋台背面の舗装／異音

上部構造編：致命的な損傷を見分ける …………………………………… 32
中間床版（ひび割れ）／中間床版（鋼板接着部）／間詰め部／張り出し床版
コンクリート桁／鋼桁（疲労亀裂）／鋼桁（変形・座屈）／高力ボルト／ゴム支承／鋼製支承

損傷は橋梁形式を踏まえて診断する ……………………………………… 38

下部構造編：見えない箇所が多く点検困難 ……………………………… 48
橋台・橋脚（表面の損傷）／橋台・橋脚（洗掘）／橋脚の横梁／橋脚の下部
橋台とその周辺／桁端部

［エピローグ］
橋梁点検は「段取り」が命 ………………………………………………… 54

MISSION2 竣工年代を推定せよ ... 61

[プロローグ]
定期点検に死角あり ... 62

[File.1]
鉄筋のささやき ... 68

[File.2]
ボルトの刻印を追え ... 76

[File.3]
橋面上に残る痕跡 ... 84
コラム：聞き取りと地図、構造形態の「合わせ技」で推定 ... 90

[File.4]
横桁は語る ... 92
コラム：桁に現れた"曲線"の正体は? ... 96

[エピローグ]
謎解きは維持管理の始まり ... 100

MISSION3 補修失敗の原因を探れ ……… 105

[プロローグ]
補修のミステリーに挑む ……………………………………… 106

[File.1]
増し厚の不協和音 ……………………………………………… 110
補修・補強事件簿（1）損傷激しく床版取り替えの例も …… 118

[File.2]
主桁座屈の謎 …………………………………………………… 120
補修・補強事件簿（2）誤って床版の主筋まで切断 ………… 128

[File.3]
床版補強の迷宮 ………………………………………………… 132
補修・補強事件簿（3）既設床版の骨材の浮きで失敗 ……… 140

[File.4]
電気防食の神話 ………………………………………………… 144

[File.5]
桁端防水の苦悩 ………………………………………………… 150

[File.6]
塗装剥離の密室 ………………………………………………… 154
補修・補強事件簿（4）水跳ねで耐候性鋼材が腐食 ………… 162

[エピローグ]
「事実」と向き合う覚悟を …………………………………… 166

MISSION4 クイズで勘所をつかめ ……… 171

[プロローグ]
維持管理って面白い!? ……………………………… 172

[Question1]
築15年の橋の桁端部　遊間異常の原因は? ……… 174

[Question2]
腐食が軽微な支承　交換は必要か? ……………… 180

[Question3]
30年持つはずの塗装　1年でさびが出た理由は? … 190

[Question4]
主桁が10年で再劣化　原因と対策は? ………… 196

[Question5]
ASRのひび割れ　亀甲状でない理由は? ………… 208

協力者・執筆者紹介、初出一覧 ……… 220

MISSION 1

異状を見抜く目を鍛えろ

INDEX

［プロローグ］　70万橋の実態を把握せよ　･････････ p10

［安全管理］　点検現場は危険がいっぱい　･････････ p16

［部位別チェックポイント総覧］
　橋面編：まずは路上から橋を「問診」　･････････ p24
　上部構造編：致命的な損傷を見分ける　･････････ p32
　下部構造編：見えない箇所が多く点検困難　･････ p48

［エピローグ］　橋梁点検は「段取り」が命　･････････ p54

MISSION1 プロローグ

70万橋の実態を把握せよ

古びたビルの一室にひっそりと看板を掲げる老朽橋探偵社には、橋の維持・補修に関する相談が毎日のように持ち込まれる。早朝からの電話対応がようやく一段落し、老朽橋探偵と新米助手のKは昼食をとりながら、つかの間の雑談に興じていた。

K助手────── 2014年7月から義務化された道路橋の定期点検ですが、道路管理者は相当苦労しているようですね。先ほど電話してきた自治体の担当者が、ぼやいていました。

老朽橋探偵── 定期点検では、管理する橋梁を5年に1回の頻度で近接目視によって点検し、主桁や床版といった部位ごとの健全性をⅠ（健全）、Ⅱ（予防保全段階）、Ⅲ（早期措置段階）、Ⅳ（緊急措置段階）の4段階で診断する。初めての経験に困惑する自治体は少なくないだろうね。

K助手
老朽橋探偵の下で修行中の新米助手。道路橋の点検義務化がもたらす影響に関心がある

老朽橋探偵
橋に関する幅広い知識を生かして、維持・補修にまつわる謎の真相を追う

　　　　　　　このグラフを見てごらん（下図を参照）。君も知ってのとおり、全国には、橋長2m以上の道路橋が約70万橋もある。このうち、国土交通省や高速道路会社が管理している橋はわずか6%にすぎない。残りの94%を自治体が管理している。

K助手────　しかも、市区町村が全体の68%に当たる約48万橋を管理しているのですね。

老朽橋探偵──　そう。財政力が乏しい道路管理者が、身の丈に合わない膨大な量のインフラを管理している状況が、見て取れるだろう。
　　　　　　　予算が厳しいなか、少しでもお金を節約しなければならない。何より、道路管理者として橋の状態を把握しておきたい──。そんな風に考えて、小さな橋は職員の手で点検してしまおうという自治体も出てきた。

K助手────　それは良い取り組みですね。

● 道路管理者別に見た橋梁数

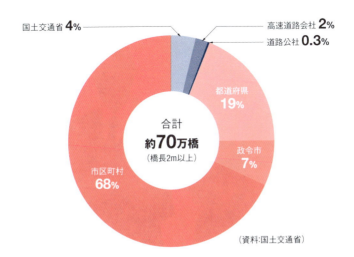

（資料：国土交通省）

老朽橋探偵 ── K君が言うように良い取り組みなのだが、実際にやってみると点検・診断が思った以上に難しいことが分かり、成果を取りまとめられない事態に陥った自治体もある。

　何しろ、国交省の調査では橋の管理に携わる土木技術者がいない町は3割、村は6割に上る。国や都道府県は研修や講習会を頻繁に開催し、自治体職員の技術力向上を後押ししているが、一朝一夕にはいかない。せっかくある程度の知識が身に付いたところで人事異動があり、担当者が交代することもしばしばだ。

K助手 ── 民間企業はどうでしょうか

老朽橋探偵 ── 同じく人材が不足している。例えば、建設コンサルタント会社の場合、業務量の増加に対応するために、それまで別の分野を担当していた社員を橋の点検や補修設計などに振り向けるケースも少なくない。

　以前から、橋の維持管理に長けた技術者については不足感が強かった。日本ではこれまで、新しい橋を「早く、安く」造ることに力を注いできたからだ。社会インフラの維持管理を体系的に教える仕組みが確立されていないんだよ。

● 橋の管理に携わる土木技術者の数

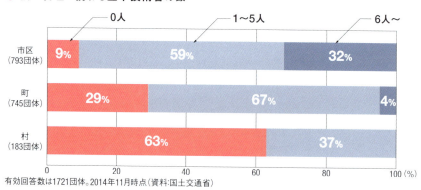

有効回答数は1721団体。2014年11月時点（資料：国土交通省）

K君はA大学の土木学科を出たそうだが、古い橋の設計方法や施工方法、当時の材料などについて習ったことがあるかい？

K助手────確かに、記憶にありません。

● 各都道府県内の橋梁数

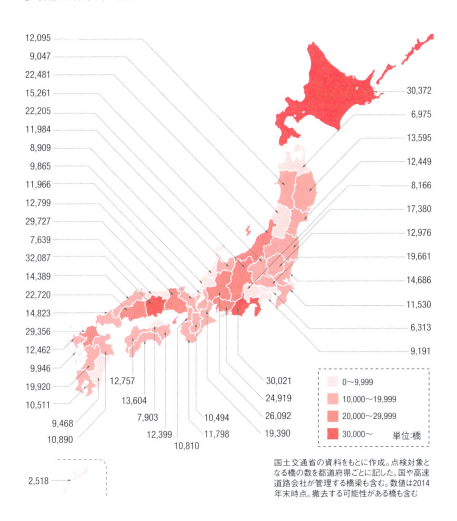

国土交通省の資料をもとに作成。点検対象となる橋の数を都道府県ごとに記した。国や高速道路会社が管理する橋梁も含む。数値は2014年末時点。撤去する可能性がある橋も含む

老朽橋探偵── 橋を点検して健全性を診断し、結果に基づいて補修などの対策を打ち、計画を見直す。このサイクルを回すのが維持管理だ。なかでも点検は始まりのステップなので、とても大切なんだ。だが、これまでは、その重要性があまり認識されてこなかった。

K助手──── そもそも、橋を点検する際は、どの部位を、どんな順番で、何に着目して見ればいいのでしょうか。僕ももう少し勉強しなくちゃなあ。

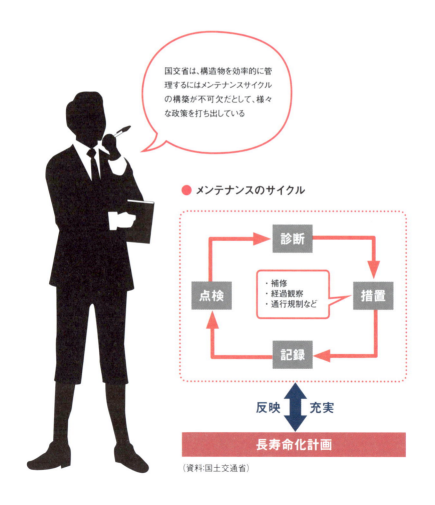

国交省は、構造物を効率的に管理するにはメンテナンスサイクルの構築が不可欠だとして、様々な政策を打ち出している

● メンテナンスのサイクル

点検 → 診断 → 措置（・補修 ・経過観察 ・通行規制など）→ 記録 → 点検

反映 ↕ 充実

長寿命化計画

（資料:国土交通省）

老朽橋探偵 ── おっ、興味が湧いてきたかい？では特別に、点検時のチェックポイントを、実際の損傷事例を見ながら部位別に解説してやろうじゃないか。

K助手 ── 是非ともよろしくお願いします！では早速、現場に向かいましょうか。

老朽橋探偵 ── まあ、待ちなさい。現場に出る前に、K君に肝に銘じてほしいことがある。「安全管理」の大切さだ。

K助手 ── 点検の安全管理ですか？何だか意外な気がしますが。工事じゃあるまいし。

老朽橋探偵 ── 点検は工事と違って安易に考えられているところがあるが、本来は補修工事と同様の安全管理が必要だよ。死亡事故も起こっている。まずは現場に潜むリスクについて、一緒に考えてみようじゃないか。

MISSION1　安全管理

点検現場は危険がいっぱい

点検は工事に比べて発注金額が小さく、安全管理がおざなりになりがちだ。その結果、重大な事故が発生することがある。現場に潜む危険から身を守り、不注意や体制の不備に起因する事故を未然に防ぐことこそが、点検の第一のミッションだと心得よう。

　初めて訪れる橋梁点検の現場には、様々な危険が潜んでいる。

　山中ではスズメバチやマムシ、熊などの生物に遭遇することがある。不用意に歩き回ると滑落するような箇所も少なくない。橋梁の点検・調査に詳しい松村技術士事務所の松村英樹代表は、「危険を避けるには、現地踏査の際に地元の住民に現場の状況を教えてもらうことが重要だ」と話す。

　河川橋、とりわけ中小河川に架かる橋では天候に細心の注意を払う。流域の局地的な大雨によって、水位が上昇しやすいからだ。作業中止の判断基準を事前に設定

● 点検や調査の現場に潜む危険・トラブルの芽

橋梁の下面にできた蜂の巣。点検の前に撤去するのが望ましい。防護服を着用しての点検は正確さを欠くし、安全面でも問題がある（写真：右も野永 健二）

無断で桁下に放置された資機材。橋の下にはホームレスの人が暮らしていることがある。河川敷を不法占拠して耕作する人も。トラブル発生時は管理者に間に入ってもらう

しておいて、気象情報を逐次取得して避難に役立てる。上流に近い場所は法面が非常に急峻で、河川内から容易に退避できないことがあるので、素早い判断が欠かせない。

河川内での点検では、服装が命取りになる。釣りや農作業に用いるゴム製の胴長靴は安価で着脱が容易なので、一見すると便利そうだ。しかし、いったん内側に水が浸入すると身動きが取れなくなり、最悪の場合は溺死する恐れがある。

生物や地形、天候だけでなく、「人工物」にも油断はできない。2010年には国土交通省北陸地方整備局北陸技術事務所が発注した橋梁点検業務の最中に、腐食した検査路を踏み抜いて作業員が転落死する事故が発生している。箱桁や中空の橋脚といった閉鎖空間内での点検では、酸欠の恐れがあるので換気が必要だ。

「全員が橋を見上げて歩いていた」

危険を察知したり、事故が起こった際に適切に対応したりするには、3人以上のチームで行動するのが望ましい。それでも、不注意や知識・スキルの不足が原因となって事故は起こる。

調査や監督、周辺状況や天候の監視といった役割分担を決め、複数人で現場に向

中小河川では、上流の局地的な大雨によって水位が急上昇することがある。周辺や上流の気象情報に気を配り、危険と判断すれば、すぐに退避する

危険情報は地元の人から
山中ではマムシや熊、スズメバチなどが出ることも。地元の人に危険情報を教えてもらうことが重要だ

現場には最低3人で
1人で現場に行って事故に遭遇しても、誰も気付かない場合がある。調査者、監督者、そして周辺状況をチェックする者。少なくとも3人は必要だ

● 不注意や作業体制の不備が招いた事故の例

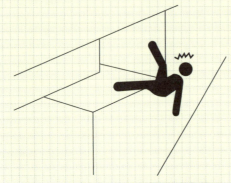

足元に目を配る
橋梁の点検・調査では、上方や損傷箇所ばかりを見て足元への注意がおろそかになりがち

岐阜県では2012年、作業員が橋台で損傷箇所の調査を実施している際に写真を撮影しようと後退し、足を踏み外して1m下の護岸法面に落下。右肩関節を脱臼する事故があった

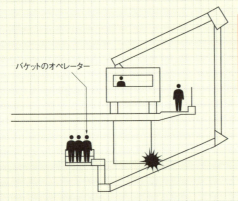

機械の操作は死角に注意
橋梁点検車や高所作業車などを利用する際は、死角が生じないように監視員を配置する

国土交通省関東地方整備局の橋梁点検で2010年、点検車のブームと桁が接触して両方が損傷した。バケットのオペレーターからは、桁とブームの近接箇所が死角になっており、気付かずにブームを上げてしまったのが原因だ

岐阜県、国土交通省関東地方整備局の資料をもとに作成。図はイメージ

かったはずなのに、点検に夢中になって、「ふと気付くと全員が橋を見上げて歩いていた」という経験はないだろうか。

　山間部の橋などは周辺が整備されておらず、足元が非常に悪い。一歩間違えば大きな事故につながりかねず、笑い話では済まない。写真撮影に夢中になって高所から転落する事故も、しばしば起こっている。

「点検中の死亡事故では、安全管理を巡って訴訟に発展した事例もあるんだ」

● 過去に発生した点検中の死亡事故の例

時期	事故の概要
2009年8月19日	那覇市が管理する排水路の「ガーブ川」で、橋（函きょ）の耐震性を調査していた作業員が急激な増水で流された。業務を受注した間瀬コンサルタントと二次下請け会社である丸高建設工業の社員4人が死亡、1人が負傷した。局地的な大雨が増水の原因だが、作業員が胴長靴を着用していて水中からの脱出が難しかったなど、安全管理上の不備が被害を拡大した。遺族は市などに損害賠償を求めて提訴し、2013年に和解が成立している
2010年6月8日	国土交通省北陸地方整備局北陸技術事務所が発注した子不知高架橋の点検業務で、P1橋脚の検査路から作業員が転落し、約20m下に落下して死亡した。検査路の床材が腐食しており、踏み抜いて転落したとみられる

　機械の操作や器具の扱いに起因するトラブルも後を絶たない。点検車の操作を誤れば、ブームなどが橋に接触する恐れがある。監視員を配置して、死角を作らないようにしなければならない。バケット上で脚立などを使用して作業するのは、転落の恐れがあるので危険だ。点検の行き帰りの自動車の運転にも注意を要する。「車離れ」が進み、運転に慣れていない人が増えてきたからだ。

　はしごについても甘く見てはいけない。労働安全衛生規則では、高さが2m以上の箇所で作業する際に足場を組むことなどを求めている。「ちょっと無理すれば届きそうだ」と考え、はしごで高所を点検するのは無謀なだけでなく、法令違反だ。

● リフト車を扱う際の安全管理チェックリスト

橋梁名	
点検日	平成　年　月　日（　）　　：　　～　　：
点検者	

	チェック項目	確認	指示事項
1.	車両が水平に確保されているか（左右方向は必ず水平）、縦断勾配は車両メーカーの規定を超えていないか（目安：5％）		
2.	車両の車止めが設置されているか		
3.	走行ブレーキをかけているか（194条-13）		
4.	アウトリガーを正しく張り出しているか（194条-11）		
5.	アウトリガー下の地盤は軟弱でないか。側溝蓋やマンホール蓋の上に乗っていないか		
6.	作業範囲内への立入禁止措置を実施しているか		
7.	作業床の運転範囲に電線、架空線、樹木などの障害物による作業への支障はないか		
8.	作業員の搭乗前に正確に作動するか確認しているか		
9.	運転席および作業床以外の箇所に作業員が乗っていないか（194条-15）		
10.	作業床に定格以上の人員、積載をしていないか（194条-16）		
11.	作業床への搭乗者は、安全帯を正しく使用しているか（194条-22）		
12.	作業床の手すりを取り外していないか		
13.	作業床上で脚立、はしごなどを使用していないか		
14.	作業床の運転の際、脇見をしていないか。急激な運転操作をしていないか。ブームの伸縮・旋回を行う場合、低速で行っているか		
15.	車両の移動時には、作業床・アウトリガーを使用前までの位置に格納しているか。作業床に作業員が乗っていないか		
16.	休憩時、長時間橋梁点検車から離れる時にエンジンを停止する際は必ずバケットを格納しているか		

※ 項目のカッコ内は、労働安全衛生規則からの抜粋条項を示す

オリエンタルコンサルタンツの資料をもとに作成

「証拠」を残す
安全管理体制を整えて実行に移し、書類に残す。事故が発生した際の責任の所在を明らかにする

素人に分かる説明を
人材不足を背景に経験の浅い者が業務を担当する場面が増えている。素人にも分かる説明が必要だ

高所での点検では労働安全衛生法を順守し、点検員の生命を守らなければならない

● 高所作業に関する安全衛生規則の規定（一部抜粋）

項目	条文
作業床の設置等 （第518条）	（第1項） 事業者は、高さが二メートル以上の箇所（作業床の端、開口部等を除く）で作業を行なう場合において墜落により労働者に危険を及ぼすおそれのあるときは、足場を組み立てる等の方法により作業床を設けなければならない
	（第2項） 事業者は、前項の規定により作業床を設けることが困難なときは、防網を張り、労働者に安全帯を使用させる等墜落による労働者の危険を防止するための措置を講じなければならない

協力会社を含めた安全管理が不可欠

　どれだけ注意していても、事故は思い掛けないところで起こるものだ。オリエンタルコンサルタンツ関東支店道路保全部の田中樹由次長は、「事故は起こるという前提に立って、対策を講じる必要がある」と指摘する。

　同社では、作業前に危険を洗い出して安全確保に生かす「KY（危険予知）活動」を実施したり、チェックリストを活用したりして、事故の防止に力を入れている。チェックリストなどを整備して安全教育を実施し、その経緯を記録に残すことは、事故の予防はもとより、事が起こった際に責任の所在を明確にするのにも役立つ。

　こうした取り組みは、交通規制業務などを担う協力会社と共同で実施する。その際は、素人にも分かるようにかみ砕いて説明することが重要だ。建設業界と同じく、人手不足のあおりを受けて経験が浅い人が担当する場面が増えている。

　点検中の事故を防ぐには、受注者側の取り組みだけでは限界がある。安全の確保に必要な費用を投じるためには、発注者側の意識向上が不可欠だ。

点検道具

点検ハンマー

双眼鏡

目視点検に用いる双眼鏡、打音検査やコンクリートのたたき落としに使用する点検ハンマーのほか、メジャーやクラックゲージなどがある。暗所では懐中電灯も欠かせない。レーザー測距計も必須のツールだ

記録道具

デジタルカメラ
（防水・防じん機能付き）

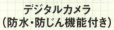
野帳とペン

高所や狭あいな場所では、ポールカメラなどを使って安全な位置から写真撮影するといい。このほか、黒板やチョークなども必要。ボイスレコーダーも便利だ。点検にタブレットなどを活用する試みが盛んだが、現場の環境は過酷なので、機器が作動しないこともあり、注意を要する

箱桁内では換気設備を

開口部がない箱桁内の点検・調査では、酸欠の恐れがあるので、必ず換気する

適切な装備は安全の確保だけでなく、点検の質を高めるのにも役立つはずだ。最新の機器も活用しよう

MISSION1　部位別チェックポイント総覧：橋面編

まずは路上から橋を「問診」

以降では、橋梁を点検する際に押さえておくべきポイントを、橋面、上部構造、下部構造の順に22の部位に分けて総覧する。まずは橋面から。高欄の変形や舗装のひび割れ、伸縮装置の異状などを手掛かりに、重点的に点検する部位を絞り込もう。

● 橋面上の損傷は床版や橋脚などの損傷が原因の場合がある

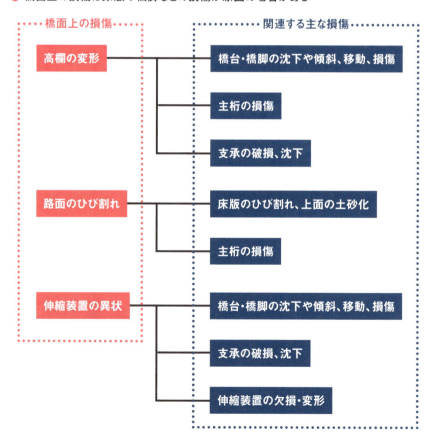

点検の際はすぐに橋の下に向かわず、落ち着いて路上や橋の側面から全体を見渡そう。

　橋梁の点検・調査に詳しい松村技術士事務所の松村英樹代表は、「橋面の点検は、医療で言えば『問診』のようなものだ」と説明する。人間に例えると、「熱が出る」、「頭痛がする」といった病気（損傷）のサインが現れているかもしれない。橋面で見つけた変状は、橋を詳しく点検していくうえで重要な手掛かりになる。

　舗装面や伸縮装置などを路上で点検する際は、危険が伴うことも忘れてはならない。特に見通しの悪い曲線橋や歩道がない橋は危ない。「交通量がそれほど多くないから」、「少しの間だから」などと油断し、交通規制をせずに1人で車道に出て写真を撮るのは自殺行為。この点を頭にたたき込んで、いざ現場に出よう。

橋面の変状は、上部構造や下部構造の損傷などが原因で現れることがある。橋のどの部位を特に注意して点検すればいいか、当たりを付けるのに役立つんだ

01 高欄・防護柵
→変形の原因は下部構造にあることも

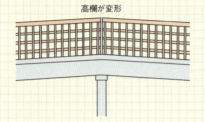
高欄が変形

鉛直方向に変形した古い橋梁の高欄

防護柵の支柱付近の地覆が割れている。自動車が衝突するとそのまま転落しかねない状態だ

高欄の変形は橋のたもとから観察しよう

　橋脚や橋台の上部で高欄や防護柵が変形し、まるで橋が折れ曲がっているかのように見える場合、まずは下部構造の沈下や移動、傾斜、損傷を疑おう。このほか、主桁の損傷や支承の破損・沈下が原因の場合もあるので、橋の下から点検する際に必ず確かめる。

　車の衝突などで高欄や防護柵そのものが変形したり、支柱の根元の地覆に大きなひび割れが入ったりしている場合（左上の写真）は危険なので、即座に管理者に伝えて補修する必要がある。

02 排水升・排水管
→土砂詰まりや排水管の損傷は床版などの劣化要因に

　橋梁付属物の中でも、橋の劣化に直接関係するのが排水装置。排水升が詰まると路面から雨水を排水できず、橋面上に滞水してしまう。床版の劣化原因となりやすいので、すぐに土砂やごみなどを撤去して排水機能を回復させなければならない。点検・調査時には、清掃用にスコップなどを持参しておくと便利だ。

　この時点で「排水機能を回復できた」と安心せず、橋の下から点検する際は排水管に注意しよう。腐食したり、接続部がずれたりして、桁や橋脚に雨水が掛かっていることがある。すると、そこからアルカリシリカ反応が始まるなど、劣化の引き金となる恐れがある。排水の「行き先」にまで注意を払うことが肝心だ。

土砂が詰まって機能が低下した排水升。草が生えている

雨水の「流れ」を想像しながら点検する

左は接続箇所が抜けてしまった排水管。右は腐食が進行して破損した排水管。放っておくと、雨水が橋体に掛かって劣化の原因となる

03 橋面（舗装面）
→滞水は床版の劣化を促す。舗装の局部的なひび割れに要注意

路面上の滞水。歩道部分がほとんど水没してしまっている

路面の滞水は、雨が降った翌日に調査すれば水たまりができているので一目瞭然だ

車道の滞水。早急に排水機能を回復させないと、床版の劣化原因になる

　橋面（舗装面）の点検で注意を払うべきは、路面の滞水状況と舗装に生じたひび割れの状況だ。

　排水升の土砂詰まりなどが滞水の原因であれば、床版の劣化を招かないようにすぐに清掃する（27ページを参照）。

　舗装のひび割れについては、方向や生じ方に着目する。舗装面に全体的にひび割れが入っている場合は、舗装を施工してから年月が経過したことによる経年劣化が原因だと考えられるので、実はそれほど心配はない。

　一方、局部的なひび割れが生じている場合は要注意だ。床版の上面が土砂化

大きなひび割れ

局部的なひび割れ

橋を下から点検する際は、ひび割れの「裏側」を観察する

している恐れがあるので、舗装を撤去して調査する。併せて、該当箇所の下面の状態を詳細に調べなければならない。ポットホールができていたり、部分的に補修していたりする箇所も同様だ。こうした箇所の床版下面には、格子状（亀甲状）のひび割れがあることが多い。床版が抜け落ちる恐れもあるので、見逃さないようにする（33ページを参照）。橋面と床版下面を別々に見るのではなく、損傷を立体的に捉える癖を付けよう。

　橋軸方向や橋軸直角方向に生じた規則性のある大きなひび割れは、床版ではなく桁や支承の損傷などが原因であることが多い。

04 伸縮装置
→遊間の異状や段差は危険信号

　橋梁の桁は気温が高い夏季に伸び、冬季になると縮む。従って、可動側の伸縮装置の遊間は夏季になると小さく、冬季になると大きくなるのが道理だ。これが逆の状態になっている場合、下部構造の移動や傾斜、沈下のほか、支承の破損・沈下などが起こっている恐れがある。

　伸縮装置に生じた段差についても、同様の原因が考えられる。橋を下から点検する際は、上記の部位に着目する。段差が大きい場合は通行車両に危険を及ぼす可能性があるので、緊急対策が必要だ。

　伸縮装置は交通荷重を繰り返し受け、衝撃で破損することも多い。非排水型伸縮装置は止水材が脱落していないか裏面を点検する。止水機能が失われた場合、桁端部の腐食につながるので補修する。

● 可動側の伸縮装置の異状

夏季なのに開いている

冬季に開いていない

伸縮装置の段差は橋軸直角方向に生じることも

伸縮装置に生じた段差の例

05 橋台背面の舗装
→橋軸直角方向のひび割れをチェック

橋台背面の舗装に、橋軸直角方向に生じたひび割れの主な原因としては、橋台の沈下や移動、傾斜、損傷が考えられる。このほか、支承が破損・沈下したり、背面の土砂が沈下したりしている場合もある。大きな段差が生じている場合は、通行車両の安全を確保するために交通を規制し、緊急対策を講じる（52ページを参照）。

橋台背面の舗装に生じた橋軸直角方向のひび割れ

06 異音
→「いつもと違う音」にヒント

伸縮装置の上を車が通過した時に生じる「ガッタン」という異音。伸縮装置の損傷や支承の破損・沈下、主桁の損傷などが主な原因だ。難しいのは、正常な状態との違いをどう判断するか。点検で初めて現地を訪れても、よく分からないことがある。そこで、点検の際は付近の住民に聞き取り調査をするといい。

● 車両が伸縮装置上を通過した際の異音

道路パトロールの担当者はもとより、路線バスの運転手などに協力を要請し、異音や揺れを報告してもらうのも手だ

MISSION1 部位別チェックポイント総覧：上部構造編

致命的な損傷を見分ける

　橋面の調査で得た情報をもとに、いよいよ橋を下から点検する。人や自動車の荷重を直接支持する桁や床版などの上部構造は、最も念入りに点検しなければならない部位。ちょっとしたコンクリート片の落下でも人命に関わる事故に発展することがあり、社会的な影響が大きい。

　上部構造の致命的な損傷を見抜くには、コンクリートなどの材料、設計基準や橋梁形式、施工方法、損傷のメカニズムなどに関する幅広い知識が必要だ。定期点検では近接目視が求められるので、橋梁点検車やリフト車などの扱いにも慣れておかなければならない。

　一方で、最近は点検の高度化や効率化を目的に、非破壊検査やロボットによる点検技術の開発・活用に国が力を入れるようになっている。こうした動向にも注意を払いたい。

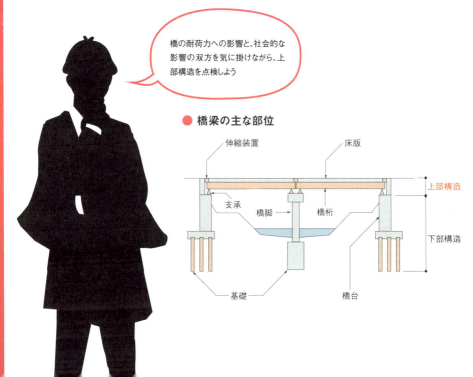

橋の耐荷力への影響と、社会的な影響の双方を気に掛けながら、上部構造を点検しよう

● 橋梁の主な部位

中間床版(ひび割れ)
→ひび割れの程度によって深刻度が大きく異なる

　交通荷重を直接受ける中間床版は最も損傷しやすい重要部位。RC(鉄筋コンクリート)床版の劣化メカニズムを踏まえつつ、ひび割れの特徴を押さえよう。

　劣化の初期段階では、RC床版の下面に乾燥収縮によるひび割れが発生する。よく見ないと分からないような細かさで、上面には貫通していない(35ページの上の写真)。この時点では特に補修する必要はない。ただし、「角落ち」がある場合はひび割れが進展する可能性があるので、経過観察が必要だ。▶34ページへ続く

● 中間床版の位置

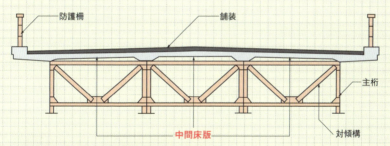

緊急措置段階の床版。一体性を失い、簡単に抜け落ちる状態だ(写真:国土交通省)

乾燥収縮によるひび割れが交通荷重を受けて橋軸直角方向に成長すると、床版はあたかも複数の「梁」が並んだ構造であるかのように振る舞い始める（35ページ左下の写真）。

　このタイミングで橋面防水や下面への炭素繊維シート接着などの対策を講じれば、長寿命化を図ることができる。放置すると、この「梁」の中央部に橋軸方向のひび割れが発生する。ひび割れは格子状（亀甲状）に成長して密度を増し、上面まで貫通する（35ページ右下の写真）。

遊離石灰を見逃さない

　貫通した箇所には水が浸入し、ひび割れ面がこすれ合う「すりみがき作用」が進む。ひび割れがすり減って床版がせん断抵抗力を失うと、ついには抜け落ちてしまう。床版は、鉄筋の破断よりもコンクリートの脆弱化によって抜け落ちる例が圧倒的に多い。33ページの写真は、まさに床版が抜け落ちる直前の

● RC床版のひび割れの進展

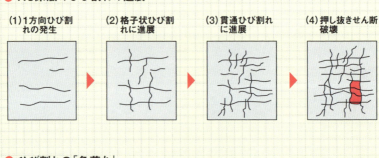

● ひび割れの「角落ち」

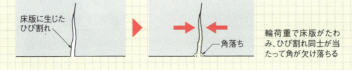

遊離石灰を伴わない軽微なひび割れ

損傷は局部的に発生することが多い。コンクリートの材料や施工など、品質に問題があった可能性が高い

橋軸直角方向に生じたひび割れ。遊離石灰がにじみ出ている

路面から貫通した格子状のひび割れ。遊離石灰や土砂がにじみ出ている

状態だ。打ち替えなどの対策を、急いで実施しなければならない。

　ひび割れが貫通しているか見極めるには、遊離石灰の存在がカギになる。遊離石灰は、セメントの原料を焼成した際に他の物質と結合せず、セメント中に残った酸化カルシウムを指す。床版上面から浸入した雨水とともに溶け出して下面に析出するので、床版の上面から下面まで、ひび割れが貫通している証拠になる。

　右上の写真では、白色の遊離石灰に混ざって茶色い染みが見える。床版の上面が土砂化し、雨水とともに下面ににじみ出たとみられる。遊離石灰と同様、貫通ひび割れの証拠だ。このような状態になった箇所の上面の舗装には、29ページの下の写真のように局部的なひび割れが生じていることが多い。

08 中間床版（鋼板接着部）
→塗装の劣化と剥がれを確認

　床版の曲げ補強に用いられてきた下面への鋼板接着。点検では、塗装の劣化や床版下面からの剥離に気を付ける。特に、橋面に防水層を設けていない古い橋の場合、ひび割れを通じて浸入した雨水が床版下面と鋼板上面の間にたまって劣化の原因となる。剥離などを確認したら、詳細に調査して補修や補強を行う。底面に型枠を兼ねる亜鉛鋼板を用いたグレーチング床版も同様に、下面の鋼板が腐食する恐れがある。耐力に問題がなくても落下して第三者被害をもたらしかねない。

上は損傷した鋼板接着部、下は腐食したグレーチング床版の下面

09 間詰め部
→横締めPC鋼棒の損傷も調査

　間詰め部は現場打ちで施工する。打ち継ぎ目から雨水が浸入して漏水したり、遊離石灰が流出したりするので、防水層を設けて改善を図る。併せて、間詰め部の内部にある横締めPC（プレストレスト・コンクリート）鋼棒が腐食・破断していないか調査する。

間詰め部の打ち継ぎ目から白色の遊離石灰が流出している

10 張り出し床版
→耐荷力には関係ないが、第三者被害を招きかねない

　張り出し床版は橋の耐荷力に直接関係しないので、建設時に品質に対する意識が甘くなりがちな部位だ。

　かつては、張り出し床版の下面を逆V字に切り欠いて「水切り」とすることが多かった。すると、その部分のコンクリートのかぶり厚さが小さくなって、損傷しやすくなる。水切り付近の滞水が影響して鉄筋が腐食し、コンクリート片が落下すれば、通行人や車両などに被害を及ぼす恐れがあるので社会的な影響が大きい。たたき落としても次から次へと落ち続けるばかりなので、早めに表面被覆などの補修を実施しなければならない。

　逆V字形の水切りは損傷を招きやすいことから、最近では突起状など様々な形状・素材のものが考案されている。

張り出し床版の下面にみられる鉄筋の露出

コンクリート片の落下は道路橋、鉄道橋問わず頻繁に起こっている

● 逆V字形の「水切り」に注意

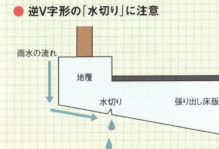

水切り部は鉄筋のかぶり厚さが小さい。雨水が常に滞留するので、損傷しやすい

［上級編］損傷は橋梁形式を踏まえて診断する

　橋の下面に生じた損傷は、慣れていないとどれも同じに見えるかもしれないが、その深刻度は橋梁形式によって異なる。
　例えば、プレテンション方式のPC中空床版橋で間詰め部のコンクリートが劣化している場合、橋の耐荷力への影響は比較的小さいと判断できる。
　一方、RC中空床版橋やポストテンション方式のPC中空床版橋の下面に変状が現れた場合は注意を要する。床版内の空洞に滞水し、凍結融解を起こして下面に影響が出たと考えられるからだ。
　箱桁橋も同様で、上面からの漏水が内部の空洞にたまり、下面に染みが生じるケースがある。その場合、すぐに路面と箱桁内部の補修が必要だ。
　箱桁内の漏水箇所は、橋面上からは特定できない。そこで、内部に入って目視で確認しなければならない。箱桁内は暗いので、照明が必要だ。空間が非常に狭い場合は、台車に仰向けに寝転んで移動し、点検することもある。酸欠にならないように送風・換気が欠かせない。

PC中空床版橋（プレテン）

間詰めコンクリートが劣化して遊離石灰を排出した。損傷は軽度。経過観察で済む場合もある

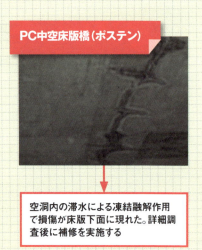

PC中空床版橋（ポステン）

空洞内の滞水による凍結融解作用で損傷が床版下面に現れた。詳細調査後に補修を実施する

左は空洞内に漏水している箱桁橋。この橋には点検用の開口部がなかったので、下面をボーリングマシンで削孔して出入り口を新たに設けて点検した（上の写真）

点検口が設けてあっても、狭くて内部に資機材を持ち込めない場合がある

箱桁橋

箱桁内部に滞水し、下面に損傷が現れている。路面と桁内、両方の補修が必要になる

11 コンクリート桁
→ひび割れの「位置」と「方向」を確認

　主桁に局部的な鉄筋の露出が見られる場合、かぶり厚さの不足が原因かもしれない。塩害の恐れがあれば、すぐに詳細調査を実施して補修・補強を検討する。

　桁に生じたひび割れについては、位置や方向などに着目して状態を見極める。古いRC桁の支点付近のウエブに、斜め方向のひび割れが生じた場合、せん断耐力不足が原因と考えられる。古い橋はせん断補強筋の量が少なく、このようなひび割れが生じることがある。配筋状況を調査し、補強を検討しなければならない。

　RC桁の下面と側面に橋軸直角方向のひび割れが生じた場合は、曲げひび割れだと考えられる。設計上は発生する可能性があり、上述のひび割れと違ってそれほど深刻ではない。それでも、幅が大きい、あるいは間隔が狭いと耐久性に問題が出るので、補修しておくのが望ましい。

　PC桁の下面に発生した橋軸方向のひび割れは、鋼材の腐食が原因だと考えられる。コンクリートをはつって腐食の状況を調査し、補修・補強を検討する。

　ゲルバー桁橋では、応力が集中するヒンジ部のひび割れに着目する。連続桁橋の中間部にヒンジを設けて不静定次数を減らしたゲルバー桁橋は、設計が容易で経済性が高く、昭和初期から昭和30年頃までに盛んに建設された構造形式だ。

コンクリートが剥落し、鉄筋が露出したRCT桁の下面。スターラップがなくなってしまっている

ヒンジ部のひび割れ

ゲルバー桁橋のヒンジ部に生じたひび割れ

12 鋼桁（疲労亀裂）
→亀裂が発生しやすい部位を押さえる

　疲労亀裂は、断面急変部や溶接接合部のように応力が集中する箇所に生じやすい。日本構造物診断技術協会の細井義弘技術顧問は、「厄介なのは、応力が大きくなくても起こる点だ。振動が激しい箇所などを見なければならない」と語る。

　疲労亀裂を見つけるには、さびや塗膜の割れが手掛かりになる。疑わしい箇所は磁粉探傷などの非破壊検査で確認する。亀裂を発見したら、亀裂の先に穴（ストップホール）を開けて進行を防ぐなどの応急対策を講じる。その後、亀裂が生じた理由を解明した上で、再溶接などの抜本策を講じなければ効果は得られない。

　疲労亀裂が発生しやすい部位は、ある程度予測できる。対傾構などの二次部材と主桁の取り付け部、断面が急変する桁端の切り欠き部やゲルバーヒンジ部は、疲労亀裂が発生しやすい箇所の代表例だ。

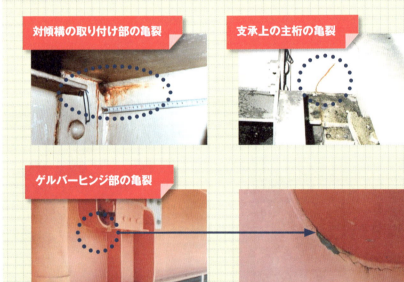

対傾構の取り付け部の亀裂

支承上の主桁の亀裂

ゲルバーヒンジ部の亀裂

（写真：右も日本構造物診断技術協会）

支承周辺の主桁にも要注意。ソールプレート前面の溶接部に亀裂が発生すると、下フランジからウエブに向かって進展していく（左ページ右上の写真）。放っておくと桁が分離して落ちてしまう。このような亀裂は、支承の機能不全が原因で発生することがある。主桁の回転が拘束され、溶接部に応力集中が生じるのだ。

　下の写真は、線支承が腐食して回転機能が低下した鋼橋。厚さ19mmだった主桁の下フランジが2mm程度まで減肉し、疲労亀裂が発生している。亀裂がある箇所にはさびが生じている。減肉は、時間を掛けて進行したと考えられる。不思議なのは、減肉した箇所にも塗装を施してある点だ。減肉した状態でさびを落とし、塗り替え塗装工事を実施したとみられる。本来は塗装工事の際に不具合を道路管理者に報告し、管理者が手を打たなければならなかった。

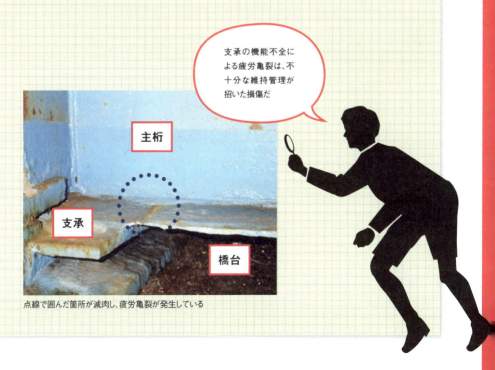

支承の機能不全による疲労亀裂は、不十分な維持管理が招いた損傷だ

点線で囲んだ箇所が減肉し、疲労亀裂が発生している

13 鋼桁（変形・座屈）
→原因は地震や下部構造の移動など

鋼製の主桁が変形したり、座屈したりしている場合、地震が原因だと考えられる。右の写真は地震後の調査で、ある橋の主桁端部下フランジに見つかった損傷だ。

他の原因としては下部構造の移動や傾斜が考えられるので、詳細な調査を実施して補修・補強対策を検討する。

地震で局部的に変形した主桁端部の下フランジ

14 高力ボルト
→F11Tは「遅れ破壊」で脱落する

現在普及している製品よりも引張強度が高い「F11T」と呼ぶ規格の高力ボルトは、締め付けてからしばらく経過した時点で破断する「遅れ破壊」で脱落することがある。

ボルトのヘッドマークで規格を確認しよう。第三者に被害をもたらす恐れがあるので、落下防止策を講じる。

高力ボルトの一部が脱落している。遅れ破壊は水素脆化が原因とされ、強度が高いほど発生しやすい

15 ゴム支承
→地震でせん断変形が残留することがある

　1995年の阪神淡路大震災を受けて翌年に改訂された道路橋示方書では、支承を橋の主要構造部材として位置付け、ゴム支承や免震支承の採用が望ましいとする考え方を採用した。この時から、ゴム支承の普及が始まったと言える。

　鋼製支承に比べて損傷しにくいとされるゴム支承だが、2007年の新潟県中越沖地震では、被災した複数の橋でせん断変形が残留する事例が見られた（下の写真）。11年の東日本大震災では、仙台東部道路の東部高架橋などで、積層ゴム支承が初めて破断している。

　ゴムに亀裂や破断がなく、せん断ひずみが許容範囲内に収まっており、再利用が可能と判断した場合は、ジャッキで桁を仮受けして支承の変形を解放し、復旧する。再利用できない場合は取り替える。

地震によるせん断変形が残留したゴム支承

ゴム支承だって損傷しないわけではないんだ

16 鋼製支承
→支承の周辺は土砂や路面排水がたまりやすい

　支承は上部構造の伸縮や回転を吸収し、荷重を下部構造に伝える重要部材だ。狭あいな桁端部に位置するので、伸縮装置からの漏水などで腐食しやすい。腐食すると、本来の移動・回転機能が低下してしまう。融雪剤を散布する地域では、特に注意が必要だ。支承の周囲には土砂が堆積していることがある。点検の際は土砂を撤去し、腐食の状態を調べる。併せて、主桁下フランジなどに疲労亀裂がないか確認する。

　支承のボルトが抜け出していることもある。伸縮装置に段差があれば、支承や下部構造が沈下している恐れがあるので、詳細調査を実施して補修・補強を検討する。なお、塗装の塗り替え工事などでナットを締め忘れたケースもまれにある。ボルトの抜け出しは状況をよく見て判断しよう。

　点検をしていると、不思議な光景に出くわすことがある。

　右ページの写真は、ある鋼鈑桁橋の鋼製支承だ。台座コンクリートが欠損し、支承が浮いている。支承が上部構造の反力を支持しておらず、すぐに補修が必要だ。ただし、断面修復では不十分と考えられる。

● 鋼製支承の変状と原因の例

腐食と土砂詰まり

支承の移動機能が低下している恐れがある。土砂を撤去して状況を詳しく調べる

ボルトの抜け出し

支承か下部構造が沈下している恐れがあるので、詳細調査が必要

よく見ると、下沓の下に見慣れぬ鋼板がある。「本来、このような部材は存在しないはずだ」(NPO法人橋梁メンテナンス技術研究所の月原光昭事務局長)。施工時にアンカーボルトの位置を固定するために使った可能性があるが、理由は定かではない。また、支承の脇には箱抜き(アンカーボルトを設置するための穴)の型枠のようなものが残置してある。これらの部材が災いし、支承が橋台にしっかりと固定されず、損傷を誘発した可能性がある。支承の固定方法自体に問題があるので、抜本的な改善が必要だ。

● 支承部の珍しい損傷例

鋼板

箱抜きの型枠？

原因が分からなくても、「何か変だ」と疑問を抱くことが大切。そのためには、設計や施工に関する知識が必要だ

[支承部の損傷状況(断面図)]

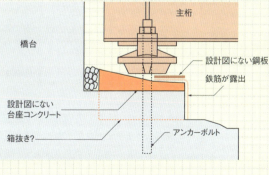

主桁
橋台
設計図にない鋼板
鉄筋が露出
設計図にない台座コンクリート
箱抜き？
アンカーボルト

MISSION1 部位別チェックポイント総覧：下部構造編

見えない箇所が多く点検困難

　橋梁の上部構造を支える下部構造には、橋台や橋脚（基礎を含む）がある。これらの部位は、水中にあることも多い。河川橋では流水で地盤が洗掘され、橋脚が沈下して路面に大きな段差が生じ、通行止めを余儀なくされたケースが少なくない。最悪の場合、落橋に至る恐れもある。

　このように、下部構造の損傷には橋梁に致命的なダメージを与えるものがあるだけに、点検は重要だ。洗掘は河川が増水すると急激に進むことがあるので、災害後の調査で状況を把握する必要もある。

　水中にある下部構造の点検には相応の費用が掛かる。おいそれと実施できないのが悩ましい点だ。だからと言って、素人が十分な装備もなく調査するのは危険だ。

　下部構造の点検に特有の難点は、これだけではない。点検では図面や過去の調査結果、補修の履歴なども重要な情報になる。ところが下部構造に関するデータは、大手建設会社や専門の工事会社が施工することが多い上部構造に比べると、不足しているケースが多いのだ。

　橋を計測して図面や計算書を再現しようにも、下部構造は水や土に隠れて見えない部分が多く、本格的に調査すると大変な費用や時間が掛かってしまう。日本構造物診断技術協会構造物診断士会の野永健二幹事は、「管理者や設計者、施工者は、図面などの情報を大切に保管して引き継ぐべきだ。下部構造のように容易に調査できない部位の情報は、特に重要だと認識してほしい」と訴える。

水中や土中に位置する下部構造の点検では、図面などの情報が重要になる

17 橋台・橋脚（表面の損傷）
→亀甲状のひび割れはアルカリシリカ反応が原因

　鉄筋コンクリート製の橋脚や橋台に亀甲状のひび割れが生じていたら、アルカリシリカ反応（ASR）が原因である可能性が高い。ASRによるひび割れは、拘束方向（主鉄筋方向など）に沿って発生することも多い。

　ASRはコンクリート中の細孔溶液に含まれる水酸化アルカリとアルカリ反応性骨材（反応性の鉱物を含む骨材）の化学反応で生成したアルカリシリカゲルが、水分の供給で異常に膨張する現象だ。点検では、表面に白色のゲル状物質がにじみ出ていないか確認する。

　橋台・橋脚の表面が剥離していれば、凍害を疑う。凍害は、コンクリート中の水分が凍結と融解を繰り返す凍結融解作用が原因。寒冷地にある橋の、一日の寒暖差が大きい部位などが損傷しやすい。

RC造の擁壁に生じたASRによるひび割れ

> 水がなければ進行しない点も、ASRによるひび割れを見分けるヒントになる

凍結融解作用が原因とみられるコンクリートの表面劣化の例

18 橋台・橋脚（洗掘）
→洗掘が進むと落橋の恐れも

　河川内に橋台や橋脚のような構造物があると、水の流れが乱れて周囲が洗掘される。橋台の場合、基礎部の洗掘が進行して橋台背面の土砂が流出し、路面が陥没する恐れもあるので注意を要する。

　洗掘は、豪雨で河川が増水した際などに急激に進行する。ひどいときには橋台や橋脚が沈下・傾斜し、場合によっては落橋する恐れもある。橋台・橋脚のフーチングや基礎が露出していれば、橋の安定性が低下していると考えられるので、詳細な調査が必要だ。

基礎が洗掘された古い橋台（写真中央）。供用後に拡幅した箇所（左手）は基礎が深く、被害を受けていない

洗掘された箇所の拡大写真。フーチングや基礎があらわになっている

洗掘でフーチングや基礎が露出した橋脚

橋台や橋脚の洗掘は、渇水期（11月〜翌年5月）に調査しよう

19 橋脚の横梁
→鉛直方向のひび割れに着目

橋脚の横梁で水平方向の主鉄筋量が不足していると、横梁の上端から下へ向かって鉛直方向のひび割れが生じることがある。建設時の設計図や計算書などを調べて検証しよう。

亀甲状のひび割れが生じるアルカリシリカ反応などと見間違えないように、特徴を押さえておく。

橋脚の横梁に生じたひび割れ

20 橋脚の下部
→局部的な鉄筋の露出、原因は化学物質？

何かが衝突した痕跡とは明らかに異なる変状を、橋脚の下部などに見つけた場合、流水中の物質がもたらした化学的な作用が原因かもしれない。例えば、強酸性の硫酸がアルカリ性のコンクリートに掛かると、脆弱化して剥落することがある。化学的腐食は急激に進行することがあるので、兆候に注意しよう。

鉄筋が露出

何らかの原因で、鉄筋が一部露出したコンクリートの橋脚。化学的な作用による損傷と考えられる

21 橋台とその周辺
→パラペットのひび割れは橋台の移動や沈下が原因

　パラペット（胸壁）は、橋台背面の土圧や輪荷重によって作用する荷重を支える部位だ。パラペットにひび割れが生じた場合、橋台の移動や沈下を疑う。橋梁の取り付け護岸にもひび割れが生じることがある。

　橋台の点検では、周囲の構造物にも気を配る。右ページの写真は地震の影響で橋台の背面が数センチメートル沈下した橋だ。土砂が沈下した影響で、橋台付近の法面が膨らんでいる様子が見て取れる。放置しておくと、大雨が降った際などに崩れて背面がさらに沈下する恐れもあるので、早急な対策が必要だ。日本構造物診断技術協会構造物診断士会の野永健二幹事は、「当該箇所だけでなく周辺の状況をよく観察し、危険な兆候を見つけなければならない」と話す。

● パラペットのひび割れ

● 橋台背面が沈下して法面に膨らみ

橋台の背面が地震の影響で沈下した橋。通行に支障を来すので、すぐに道路管理者に通報し、補修しなければならない
(写真:右下も日本構造物診断技術協会)

> 橋台の脇の法面が膨らんでいる

> 点検員には、構造物の状態や第三者への影響を踏まえて迅速に対応する能力が求められる

22 桁端部
→遊間異常は橋台の移動・傾斜を疑う

主桁とパラペットの遊間が上下で異なる場合、橋台が橋軸方向に移動・傾斜したと考えられる。原因としては、地震のほかに「側方移動」が挙げられる。

側方移動は、軟弱地盤上に設けた橋台が、背面の盛り土による偏載荷重の影響で橋軸方向に移動・傾斜する現象だ。背面盛り土の沈下や前面ブロックのはらみ出しなどが生じるので、点検時に併せてチェックする。

● 桁端部の遊間異常の例

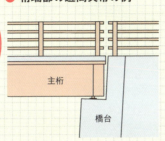

主桁／橋台

> 橋台が背面に向かって傾斜したケースだ

MISSION1　エピローグ

橋梁点検は「段取り」が命

橋の損傷を駆け足で見て回り、事務所に戻ってきた老朽橋探偵とK助手。熱いコーヒーをすすって一息つくと、探偵はK助手に点検の心得を伝え始めた。

老朽橋探偵——　お疲れさま。実際に橋を点検してみた感想は？

K助手————　正直言って、こんなに大変だとは思ってもみませんでした。損傷の特徴にしても、とても覚えきれませんよ。

老朽橋探偵——　まあ、焦らずに覚えていけばいいさ。橋の調査がどんなものか、肌で感じてもらえたところで、改めて点検業務の流れやポイントを整理しておこうか。

K助手————　はい。よろしくお願いします。

老朽橋探偵——　点検に先立って、必ず実施しなければならないのが「現地踏査」だ。点検車や足場が必要か、橋の下にどうやって降りるか、交通量はどの程度か、交通規制を掛ける範囲はどのくらいにするか。適切な点検計画を立てるために、現地に赴いて橋と周辺の状況を調べ上げる。

K助手————　橋の「攻め口」を探るというわけですね。

老朽橋探偵——　そういうことだ。自治体が管理する道路橋のなかには、規模こそ小さくても、点検が難しいケースが数多くある。
　　　　　　　　例えば、右ページの写真のような河川橋の下面を近接目視する

この写真の橋は、規模こそ小さいが点検は難しいね

にはどうすればいいだろう。

K助手────── うーん。これでは橋の下に入ることができませんね。

老朽橋探偵────── 潜水士に頼むか、あるいはカメラを使って点検するか。いずれにせよ、現場をじかに見ないと適切な点検方法を決めることはできないし、事故やトラブルを招きかねない。点検員の身を守るためにも、作業環境をきちんと把握しておくことが重要なんだ。

K助手────── 点検も工事と同じで「段取り八分」なんだ。

老朽橋探偵────── 現地踏査だけでなく、「机上の調査」も同じくらい重要だ。橋の図面や計算書、過去の点検記録などを事前に収集しておくと、効率よく精度の高い点検ができる。もっとも、古い橋の場合は資料が存在しないことの方が多いがね。
　注意しないといけないのが、図面と実物の食い違い。補修履歴が反映されていなかったり、添架物が増えていたりする。道路管

理者が構造物の情報をその都度更新して引き継いでいないと、点検に無駄な時間や余分なコストが掛かる。

目的は数をこなすことではない

老朽橋探偵——踏査を終えて計画をつくり、いよいよ点検に向かう。ここで、K君にクイズを一つ。定期点検の目的とは何だろうか。

K助手——うーん。橋の状態を調べること、では？

老朽橋探偵——間違いではないが、その解答では不十分だ。定期点検の目的は、橋を維持管理するために必要な情報を得ることだ。そのために橋の状態を詳しく調べ、部材ごとに健全性を診断する。

　道路管理者は点検と診断の結果をもとに、経過観察か補修か、はたまた更新するか、自ら判断しなければならない。正確で漏れのない情報が、後々重要になってくる。

　ところが、今は大量の道路橋の点検を2018年度までに終えなければならない慌ただしい状況だ。

　管理者と受注者、双方が業務に追われるなかで、いつの間にか「数をこなす」ことが点検の目的にすり替わり、本来の目的を達成できないのではないかと心配だよ。

K助手——確かに、「質よりも量」では点検をする意味がありませんね。

点検の「密度」を高める

老朽橋探偵——限られた人材と予算で時間内に必要な情報を得るには、1回当たりの「密度」を上げるしかない。見落としを防ぎつつ正確な情報を取得するために、チェックシートを活用するといいだろう。

　これは、長野市を拠点に自治体の維持管理業務を支援している

NPO法人橋梁メンテナンス技術研究所が作成した、橋梁点検用チェックシートの一部だ(下図を参照)。

床版を例に取ると、漏水や遊離石灰、下面のひび割れ、抜け落ちなどの各項目を点検し、それぞれ4段階で健全性を判定するようになっている。

床版や桁などの主要な部材だけでなく、伸縮装置や排水装置、看板や照明装置などの部材まで網羅したのが特徴だ。

後で点検漏れに気づいても、再点検が難しいこともある。現場でチェックリストなどを活用して確認しながら業務を進めよう

定期点検用のチェックリスト
(資料:NPO法人橋梁メンテナンス技術研究所)

K助手 ───── あれ、国交省の「道路橋定期点検要領」では、もっと項目が少なかったように思います（63ページを参照）。

老朽橋探偵 ───── あれはあくまで最低限の内容だからね。維持管理に役立てたいのなら、少なくともこのチェックシートのように、各部材を詳細に見ないと。

　点検結果の「伝え方」にも工夫が必要だ。橋梁点検車なら、乗車して近接目視できる点検員は2人程度に限られる。その人たちが目の当たりにした情報を、診断や補修設計・施工を担う人、そして次の世代に余さず正確に伝えなければならない。

現場の「空気」も点検する

K助手 ───── 「伝え方」というと？

老朽橋探偵 ───── 部材図、損傷図、状況写真を組み合わせ、橋の状態が分かるように整理する。現場で感じた音や振動、においといった写真には残せない情報も、橋の維持管理に役立つことがあるので、文章で記録しておくことが大事だ。

　橋梁点検業務では、複数の橋をある期間に集中して見て回ることが多い。毎日のように大量の写真を撮影するから、その日のうちにきちんとデータを整理しておかなければ、こんがらがってしまう。こういう地道な作業が点検の品質を左右する。

　診断は、複数の技術者が知見を持ち寄って下すことが望ましい。現場を見たことがない専門家に、助言を依頼することもあるだろう。そのためにも、誰が見てもすぐに理解できるように点検結果を整理しておくことが欠かせない。

K助手 ───── 記録の方法一つとっても、奥が深いんですね。点検の大切さがよく分かりました。

● 点検の心得「7箇条」

1 点検本来の「目的」を見失わない
→目的は数をこなすことではない

2 見落としを防ぐ仕組みを
→チェックシートなどを作成・活用する

3 データの整理が成否を分ける
→点検員が得た情報を余さず記録する

4 写真に残せないものは文章で
→音や振動、においなども書き留めておく

5 「机上の調査」を甘く見ない
→図面や過去の点検データの収集・蓄積に注力

6 診断はなるべく複数の技術者で
→知恵を出し合って診断を下すのがベスト

7 安全管理を徹底する
→点検・調査の現場には危険が多い

NEXT MISSION　竣工年代を推定せよ▶▶▶

MISSION 2
竣工年代を推定せよ

INDEX

[プロローグ] 定期点検に死角あり ………………… p62
[File.1] 鉄筋のささやき ……………………… p68
[File.2] ボルトの刻印を追え ………………… p76
[File.3] 橋面上に残る痕跡 …………………… p84
[File.4] 横桁は語る …………………………… p92
[エピローグ] 謎解きは維持管理の始まり ……… p100

MISSION2　プロローグ

定期点検に死角あり

本格化する道路橋の定期点検。豊富な知識と洞察力で、道路管理者に橋の維持管理について助言してきた老朽橋探偵には、気掛かりなことがあった。眉間にしわを寄せてうなっていると、K助手が不思議に思って近づいてきた。

K助手—————　先生、さっきからどうなさったのですか？気になって仕事になりませんよ。

老朽橋探偵—————　おっと、すまないね。定期点検のことで、考え事をしていた。これから点検が本格化するに当たって、解決しておかなければならない重要な課題があるんだよ。

K助手—————　と言うと？点検は大変でしょうが、全橋を詳細に調査するのだから良いことでは。

老朽橋探偵—————　確かに、頑張って全数点検すれば、橋の損傷状況は把握できる。問題はその後だよ。結果を診断して対策を検討する際に、どんな情報が必要になるだろうか。

K助手—————　？？？

竣工年不明のまま点検完了？

老朽橋探偵—————　「なぜ損傷が生じ、今後どうなるか」を読み解くうえで重要なのが橋の竣工年代だ。損傷の原因を推定して対策を講じるうえで、とても有用な情報なのだよ。

● **定期点検の記録様式**

※架設年次が不明の場合は「不明」と記入する

(資料:国土交通省)

K助手　　　　　　　　　　　　　　　　　　　　　　　老朽橋探偵

「昭和30年代に架けられた橋だと、設計基準はこの示方書で、コンクリートの配合はこうだった。だから、このように劣化したのだろう。それならば、○○や○○といった工法で補修してはどうか」という具合にね。

例えば、1964年の鋼道路橋設計示方書に基づいて設計したRC（鉄筋コンクリート）床版は、配筋量が現在の床版と比べて非常に少なく、ひび割れが早期に多数発生したことで知られる。1方向ひび割れでも、補修ではなく打ち替えを検討する必要があるんだよ。

架け替えの要否を判定する際も、竣工年代は重要な指標になる。ところでK君、この資料の左下をよく見てごらん（上の資料）。

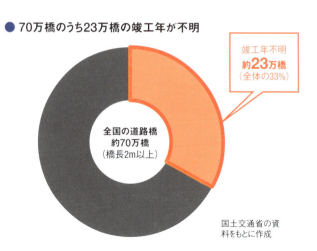

● 70万橋のうち23万橋の竣工年が不明

竣工年不明
約**23**万橋
（全体の33%）

全国の道路橋
約70万橋
（橋長2m以上）

国土交通省の資料をもとに作成

K助手―――― 国土交通省が作った点検結果の記録様式ですか。「架設年次が不明の場合は『不明』と記入する」と書いてありますね…。

老朽橋探偵―― 全国には橋長2m以上の道路橋が約70万橋もある。このうち約23万橋の竣工年が分かっていないとされる。記録が残っていないんだ。23万橋といえば、市区町村が管理する橋の半分に近い。せっかく近接目視で詳細に点検しても、竣工年が不明の橋が半分もあっては、その後の対策に十分に生かせないとは思わないかい。

さらに言うと、記録があっても間違っているケースがある。「平成〇年竣工」の橋を見に行ってみると、橋面はきれいでも裏側は明らかに古い橋だったことがある。高欄などを補修した年を、橋の竣工年として記録してしまったのだろう。こんな橋がたくさんあると、長寿命化計画が大きく狂ってしまう。

K助手―――― でも、分からないのだから、どうしようもないでしょう。

老朽橋探偵―― いや、方法はある。そこが老朽橋探偵の、腕の見せどころというわけだ。

なんとか「見た目」で判断する

老朽橋探偵────　百聞は一見にしかずというから、実例を示そう。これらの写真を見てごらん（下の写真）。これは、橋長3.5mのRC床版橋を撮影したものだ。床版下面の拡大写真だね。実はこの画像にも、竣工年代を推定する手掛かりがあるんだ。

K助手────　えっ、どこでしょうか。

老朽橋探偵────　よく見ると、床版にセメント袋を貼り付けた跡が残っている。これがヒントさ。橋を施工するときに、今なら液体の型枠剥離剤でコンクリートと型枠の固着を防ぐ。しかし、1950年代までは液体の型枠剥離剤が一般的ではなかった。地方の橋梁では、セメン

竣工年が不明のRC床版橋（橋長3.5m、幅員4.5m）。オーバーレイの形跡がある。右は床版下面の状況。下部構造は石積みの橋台だ

床版を下側から見ると表面にしわの寄った跡が残っている

ト袋のように入手しやすい材料を使ったケースがある。従って、50年代までに施工した橋だと推測できる。

K助手ーーーー なるほど。面白いですね。

老朽橋探偵ーー 施工方法のほか、構造形式や仕様、材料などからも竣工年代を推定できる。市町村が管理している橋は膨大だから、橋の「見た目」で推定できるに越したことはない。

　ただし、竣工年代を推定する際には注意が必要だ。例えば、鋼橋だと部材の交換が利く。その場合、古い方の部材に注目しなければならない。また、施工方法などには地域性があるので、全国で一律に適用できるわけではないんだ。

K助手ーーーー 色々な「証拠」を集めて、慎重に竣工年代を推定する必要があるんですね。

損傷の緊急性を見抜く

老朽橋探偵ーー なんとなく分かってきたかい。では、橋の竣工年代を把握しておくことがなぜ重要なのか、改めて整理しておこう。構造物の劣化に関係する要因は「計画・設計、施工、材料、維持管理（環境）」の大きく四つに分類できる。橋の竣工年代が分かれば、使用した設計基準や当時の時代背景が見えてくるので、四つのうちのどれが損傷の原因かを知る手助けになる。もちろん、原因が複数あることも多い。

　原因を絞り込めば、適切な補修方法を選んだり、補修や架け替えの優先順位を付けたりするのに有利だ。

K助手ーーーー よく分かりました。でも、23万橋の竣工年代を把握するというと、途方もないことのように思えます。

● 竣工年代を推定することのメリットと注意点

メリット
設計基準や使用材料、当時の社会背景が分かる
▼
変状や損傷の原因を突き止める手助けとなる
適切な対策（補修や架け替え）を講じることにつながる

注意点
・供用後の補修などで、使用時期の異なる部材が混在している可能性がある
・地域性があるので、一律に適用できない場合も

老朽橋探偵―― 私がアドバイスするから、K君が竣工年代の推定方法をリポートにまとめてみてはどうだい。定期点検の参考になるようにね。漫然と勉強しているよりも、維持・補修の知識を身に付け、橋を見る目を養うには役立つと思うんだ。

K助手―― えっ、専門的すぎて僕には荷が重そうだなあ。

老朽橋探偵―― まあ、そんなに臆することはない。私だって、初めから知識があったわけではないし、今も勉強中なんだ。悩んでいても仕方がない。早速、現場へ行こうじゃないか。

MISSION2　File.1

鉄筋のささやき

下の写真は、鉄筋が露出した床版の下面だ。こうした損傷自体はそれほど珍しくはないが、近寄って観察すると、橋の竣工年代推定に役立つ証拠を手にすることができるかもしれない。注目すべきは、露出した鉄筋の形状だ。

現在、土木構造物に用いる鉄筋は、表面に凹凸状のリブ（節）がある「異形棒鋼」が一般的だ。しかし、かつてはリブがない単純な円形断面の「丸鋼」を使っていた。橋に使われている鉄筋が丸鋼か、あるいは異形棒鋼かを判別できれば、竣工年代を知る一助になる。

　鉄筋とコンクリートは一体となって機能する。付着性能が高く、引き抜き抵抗力が大きい点で、異形棒鋼は丸鋼よりも優れている。単純比較はできないが、異形棒鋼だと丸鋼の4〜5倍以上の付着強度を発揮する。

　こうしたメリットを踏まえて、海外では古くから異形棒鋼が使われていたが、日本では普及が遅れていた。しかし、製造技術の進歩や規格の整備によって、ある時期から状況は大きく変わっていく。

JIS制定が普及の契機に

　国立科学博物館の産業技術史資料データベースによると、神戸製鋼所が1960年に日本初の高強度異形棒鋼を開発・実用化した。その後、丸鋼が異形棒鋼へと移り変わる大きなきっかけとなったのが、64年に制定された「JIS G 3112」（鉄筋コンクリート用棒鋼）。これを境に、異形棒鋼は全国に普及したようだ。

　左ページの写真の橋の場合、RC（鉄筋コンクリート）床版から露出した鉄筋を観察すると、丸鋼であることが分かる。従って、昭和40年代（1965〜74年）よりも前に建設された橋だと考えられる。もちろん、JIS制定以前に竣工した橋梁でも、

● **鉄筋は1964年を境に丸鋼から異形棒鋼に移り変わっていった**

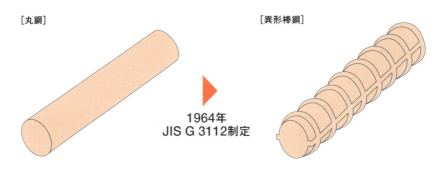

● 鉄筋コンクリート床版の配力鉄筋量が少ない時代があった

[設計基準などの変遷]

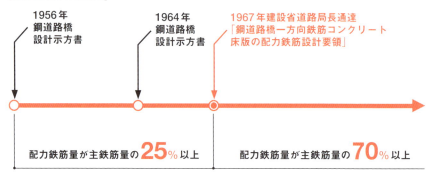

1956年 鋼道路橋設計示方書

1964年 鋼道路橋設計示方書

1967年建設省道路局長通達「鋼道路橋一方向鉄筋コンクリート床版の配力鉄筋設計要領」

配力鉄筋量が主鉄筋量の**25**%以上

配力鉄筋量が主鉄筋量の**70**%以上

国土交通省国土技術政策総合研究所などの資料をもとに作成。1971年以降は、配力鉄筋量を主鉄筋量の比ではなく、独立して設計するようになる

丸鋼を用いた鉄筋コンクリート床版が陥没した事例

損傷して陥没した鉄筋コンクリート床版を橋梁の下面から見る

異形棒鋼を使っている例があるので注意が必要だ。

　RC床版に鉄筋の露出が見られなくても、他の損傷箇所から手掛かりを得られる場合がある。橋に使用されている鉄筋が、部位によって異なることはまれだからだ。床版内の鉄筋を観察できなくても、地覆や下部構造などに露出した鉄筋があれば、形状を確認できる。

　補修工事などのタイミングに合わせて、コンクリートの一部をはつって鉄筋の形状を確認することも、一つの手だ。

損傷原因を推定してみる

竣工年が分からない構造物の損傷原因を推定する際に、鉄筋の種類が参考になることを、RC床版が損傷したある橋（以下、A橋）を例に、示してみよう。

まずは鉄筋の種類を確認する。損傷したRC床版の鉄筋が丸鋼の場合、上述のように、A橋は昭和40年代より前に建設された可能性が高い。

次に、当時の床版の仕様を読み解く。昭和30年代（1955〜64年）以前のRC床版の配力鉄筋量は、1956年か64年の鋼道路橋設計示方書に基づいて、「主鉄筋量の25％以上」配置すればよかった。A橋のRC床版も同様の仕様のはずだ。

実は、これらの示方書の下で設計されたRC床版では後に損傷事例が相次ぎ、配力鉄筋量の不足が原因の一つであると指摘された。そこで、67年の建設省道路局長通達では、配力鉄筋量を「主鉄筋量の70％以上」と改めた経緯がある。

つまりA橋のRC床版には、主鉄筋の25％程度しか配力鉄筋がない可能性がある。「配力鉄筋量の不足」が、有力な損傷原因の一つと考えられるのだ。

注意しなければならないのは「どの設計基準を適用したか」なのですね。丸鋼の存在は、適用基準の推定に役立つんだ

67年の前後で、床版の配力鉄筋量はどの程度変化したのか。直径19mmの主鉄筋を15cmピッチで配したRC床版を例に、配力鉄筋量を試算してみると、その違いがよく分かる。「主鉄筋量の25％以上」なら、直径13mmの鉄筋が25cmピッチ。「主鉄筋量の70％以上」なら、直径13mmの鉄筋が10cmピッチとなる。

竹筋コンクリートへの期待を報じる記事。神戸高等工業学校の巽純一助教授による実験では、鉄筋の60％の強度があったと伝えている。巽助教授は「小川の橋、溝蓋程度なら大丈夫」などとコメントを寄せた
（資料：神戸大学附属図書館新聞記事文庫）

配力鉄筋量の不足が原因で床版が損傷したと推測できる場合は、不足を補う対策を考えなければならない。

　配力鉄筋の不足で生じる主な損傷は、橋軸直角方向のひび割れなので、橋軸方向（配力鉄筋方向）に炭素繊維などを接着する方法が知られている。ただし、床版の損傷は疲労損傷だと言われているので、安易に適用するのではなく、総合的に判断を下すことが欠かせない。

　なお、丸鋼を使った古い橋だからといって、必ず補修が必要になるわけではない。変状が出ていなければ特に問題はない。荷重条件の大幅な増加といった変化があり、鉄筋の定着が問題になるような場合は、考慮を要する。

戦中は竹を使用した例も

　ごく珍しい例としては、鉄筋ならぬ「竹筋」を竣工年代の推定に使うこともできる。1945年前後には、鉄筋の代わりに竹を用いた「竹筋コンクリート造」の橋梁を建設していた時代があるからだ。

　第二次世界大戦末期の日本では、武器の生産に必要な鉄が不足。41年に金属類回収令が公布されるなどして、公共事業用の鉄を確保できなくなっていた。そこで、鉄には劣るが一定の引張強度がある身近な材料として、竹が脚光を浴びたのだ。

　38年の大阪朝日新聞には「竹筋コンクリート 破竹の勢ひ 小川の橋にも十分鉄筋代用」と題する記事が掲載されており、土木・建築用の材料として期待されていたことが分かる（左ページの資料）。竹筋は敗戦後、鉄鉱石の輸入が再開されるなどして鉄鋼の国内生産が始まると、姿を消していった。39年に建設された岩手県一関市の長者滝橋は、現役の竹筋コンクリート橋として知られる。

戦時中は鉄が不足したので、代わりに竹を使っていたことがある。今なお、現役の竹筋コンクリート橋が各地にちらほら残っている

● 鉄筋コンクリート床版の基準の変遷

基準		後輪軸重 (tf)	活荷重曲げモーメント(tf·m)[*1]	
			主鉄筋	配力鉄筋
1926年	道路構造に関する細則案(内務省)	P=4.5(T-12)〜P=2.25(T-6)	—	—
1939年	鋼道路橋設計示方書(案)(内務省)	P=5.2(T-13)〜P=3.6(T-9)	—	—
1956年	鋼道路橋設計示方書(日本道路協会)		$(1+i)\times(0.4\times P\times(L-1))/(L+0.4)$ ただし、2.0<L≦4.0	—
1964年	鋼道路橋設計示方書(日本道路協会)			—
1967年	鋼道路橋一方向鉄筋コンクリート床版の配力鉄筋設計要領(建設省)			—
1968年	鋼道路橋の床版設計に関する暫定基準(案)(日本道路協会)			—
1971年	鉄筋コンクリート床版の設計について(建設省)	P=8.0(T-20) P=5.6(T-14)	$0.8\times(0.12\times L+0.07)\times P$	$0.8\times(0.10\times L+0.04)\times P$
1973年	道路橋示方書(日本道路協会)		付加曲げモーメントを生じる場合は別途	
1978年	道路橋鉄筋コンクリート床版の設計、施工について(建設省)		大型車交通量が1000台/(日・方向)以上で20%増し	$0.8\times(0.10\times L+0.04)\times P$ 大型車交通量が1000台/(日・方向)以上で20%増し
1980年	道路橋示方書(日本道路協会)			
1990年	道路橋示方書(日本道路協会)		付加曲げモーメントを割り増し	
1994年	道路橋示方書(日本道路協会)	P=10.0 (T荷重片側)	2.5<L≦4.0で、1.0+(L-2.5)/12を割り増し	
1996年	道路橋示方書(日本道路協会)			

図中のLは床版支間長(m)を、iは衝撃係数を指す(資料:国土交通省国土技術政策総合研究所)
[*1] 連続版で主鉄筋が車両進行方向に直角の場合

配力鉄筋量	許容応力度(kgf/cm²) 鉄筋	許容応力度 コンクリート	最小版厚(cm)
—	1200	45	—
—	1300	$\sigma_{28}/3 \leq 65$	—
主鉄筋の25%以上	1300	$\sigma_{28}/3 \leq 70$	
			14(有効版厚11)
主鉄筋の70%以上	1400	$\sigma_{28}/3 \leq 80$	
			3L+11≧16
左記に対する照査により決定	1400（余裕200）		3L+11≧16（大型車交通量、不等沈下考慮）
	1400	$\sigma_{ck}/3 \leq 100$	3L+11≧16
	1400（余裕200）		3L+11≧16（大型車交通量、不等沈下考慮）

RC床版の技術基準は、疲労現象への対応と耐荷力の向上という目的で内容を見直してきた歴史がある

MISSION2 　File.2

ボルトの刻印を追え

現場継ぎ手の仕様を観察すると、鋼橋の竣工年代の推定に役立つことがある。例えば、高力ボルトの「ヘッドマーク」に、重要な情報が記されていることをご存知だろうか（下の写真）。上にはメーカーを示すマークが、下にはボルトの等級が描かれているのだが…。

（写真：高力ボルト協会）

自治体が管理する道路橋の中でも、鋼橋は橋長の長いものが多い。その竣工年代を推定する際に注目するといいのが、現場継ぎ手だ。

継ぎ手に摩擦接合用の高力ボルトを用いた橋では、ボルトの「頭」を観察しよう。例えば、左ページの写真の高力ボルトのように等級が「F11T」と記されている場合、その橋は1964年から79年までに建設された可能性が高い。引張強度が1100〜1300N/mm^2のF11Tはこの時代、主桁の接合などに多く採用されていたのだ。

現在はF11Tよりも強度が低いF10TとF8TがJIS（日本工業規格）に規定され、主にF10T（引張強度が1000〜1200N/mm^2）が普及している。

なぜ、強度が高いF11Tが短期間で使われなくなったのか。高力ボルトの歴史を簡単に振り返りながら、竣工年代の推定に関連する事実を把握していこう。

「遅れ破壊」で使用禁止に

64年制定の「JIS B 1186」には、強度が高い順にF13T、F11T、F9T、F7Tの四つの等級があった。

ボルトの使用数を減らすには、最も強度が高いF13T（引張強度が1300N/mm^2級）を用いるのが有利だ。しかし、鋼橋に使用され始めたF13Tに、ある問題が持

遅れ破壊によって高力ボルト（F11T）が脱落した鋼橋の継ぎ手。F11Tは破断すると第三者被害をもたらす恐れがあるので、落下防止用のキャップを取り付けるなどの対策が必要だ（写真：日経コンストラクション）

ち上がる。65年前後に「遅れ破壊」の発生が相次いだのだ。

　遅れ破壊とは、締め付けてからしばらく経過した時点で突然、ボルトが破断する現象。鋼材が水素を吸収することによる水素脆化が原因とされ、強度が高いほど発生しやすい傾向がある。

　F13Tは67年にJISから削除され、すぐに使われなくなった。非常に珍しいことだが、もし、ボルトのヘッドマークにF13Tの文字を見かけたら、その橋梁は65年前後に竣工した可能性が高い。

　その後、F13Tに次いで強度が高いことから普及し始めたF11Tにも、F13Tと同様に遅れ破壊が見つかるようになった。79年には、F11Tも実質的に使用禁止とな

● 鋼材の接合方法の変遷

	リベット	高力ボルト	トルシア形高力ボルト
構造	ボルト	座金、ナット、ボルト	ボルト、座金、ナット、ピンテール、破断溝
使用例			
主な使用時期	1970年代まで	F13T:1967年頃まで F11T:1980年頃まで F10T:現在まで広く普及 F8T:あまり使われず	1990年以降
示方書への記載	鋼道路橋設計示方書案(1939年)に記載。使用実績がなくなり、現在は示方書から削除済み	道路橋示方書(1972年)にF8T、F10T、F11Tを規定。80年改訂でF11Tを削除	道路橋示方書(1990年)に記載(規格はJISではなく、日本鋼構造協会の「JSSⅡ-09」で、F10Tと区別するためにS10Tと表記)

る。80年改訂の道路橋示方書からは、F10TとF8Tだけが規定されるようになった。F11TはF13Tよりも使用された期間が長かったので、今も多くの橋に残っている。

ちなみに、冒頭で示したボルトには、JISマークがない。高力ボルト協会によると、JISマークの表示が始まるのは73年だからだ。この点も、竣工年代の推定に役立つかもしれない。

F13TやF11Tが見つかった場合、脱落防止などの応急対策が必要だ。補修する際は、必ずしもそのままF10Tなどに取り替えられるわけではない。継ぎ手の強度が落ちてしまう恐れがあるからだ。応力を照査し、必要ならボルトの本数を変更するなどの検討が欠かせない。

遅れ破壊の実例 | 2万本近くのボルトを全交換

人口約1800人の福島県三島町が管理する三島大橋。1975年に竣工した橋長131m、幅員8mの鋼アーチ橋だ。

緊急輸送ルートに位置し、周辺の自治体から町中心部にある県立病院への通院経路でもある。町では、橋の継ぎ手の高力ボルトが毎年のように脱落する現象に悩まされてきた。橋全体で約1万9400本ある高力ボルトのうち、合計183本が損傷している。原因はF11Tの「遅れ破壊」だった。

ボルトの脱落数は年を重ねるごとに増加しており、これから加速度的に増える恐れがある。継ぎ手の同じ列で何本もボルトが脱落すると、耐力が急激に落ちる恐れがある。交換自体が難しくなり、工事に多額の費用が掛かりかねない。

そこで三島町は、国が2013年に道路法を改正して創設した修繕代行制度を活用し、補修に踏み切ることにした。15年度中に全てのボルトをトルシア形高力ボルト（S10T）に交換するほか、経年劣化が進んだ塗装も塗り替える。

工事は片側交互通行で実施する。発注などの業務を代行する国交省東北地方整備局郡山国道事務所は「ボルトを1本ずつ外しては締めるような手順で慎重に交換する」と説明する。

全ボルトの取り替えを実施する福島県三島町の三島大橋（写真：日経コンストラクション）

● リベットの施工手順

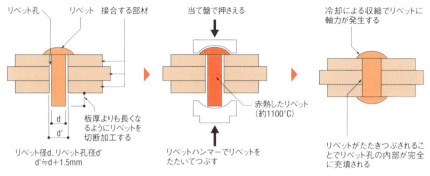

(資料：下も愛媛県)

● 接合方法によるメカニズムの違い

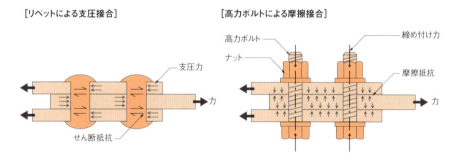

1970年代に廃れたリベット

　高力ボルトが普及する以前は、現場打ちのリベットが広く用いられていた。リベットを打つ「かしめ職人」の減少や、施工中の騒音などの問題から、70年代には急速に廃れていった。90年以降は、示方書からも削除。職人は数えるほどになってしまった。しかし、リベットを用いた古い橋は今でも数多く残っている。隅田川に架かる勝鬨橋や永代橋、清洲橋もそうだ。

　90年の道路橋示方書改訂で追加されたトルシア形高力ボルトと頭の形がよく似ているが、使用された時期が大きく異なり、リベットには両側に頭があることか

頭に亀裂が入ったリベット。緩んでいなければ取り替える必要がない

● リベットの補修には注意を要する

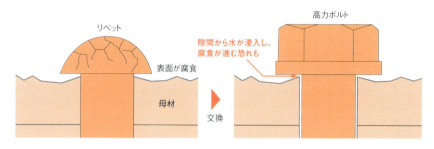

ら、間違うことはないだろう。

　複数の職人が関わるリベット工事は次のようなものだ。1000℃以上に熱して赤くなったリベットを投げ渡し、孔に挿し入れ、頭を当て盤で押さえ付けながら、反対側をリベットハンマーで打撃してつぶす。

リベットは安易に取り替えない

　リベットによる支圧接合は、高力ボルトによる摩擦接合とメカニズムが異なるので、補修を検討する際には注意が必要だ（上図）。

　リベットの頭が腐食し、断面欠損が生じた状態で見つかったとしよう。このと

き、接合部が緩んでいなければ、リベットを取り替える必要はない。リベットによる支圧接合では、抜け落ちない限りは接合力を保てる。この点が、母材が腐食して薄くなると接合力が落ちてしまう高力ボルトとの大きな違いだ。

　むしろ、安易に母材に新しく穴を開けて高力ボルトに取り替えてしまうと、別の問題が生じかねない。母材の表面が腐食したままだと、隙間から水などが浸入して腐食がさらに進行する恐れがある。補修する場合は、シーリングによる防水や腐食で生じた不陸の修正、当て板の追加などが必要になる。

　これまで見てきたように、継ぎ手の仕様は橋の竣工年代を推定する有力な手掛かりとなる。その一方で、留意点もある。「主桁はリベットだが、横桁は高力ボルト」といった具合に、両者が混在している橋があるからだ。同時代に両方を使ったケースや、補修時に取り替えたケースもある。竣工年代を推定する際には、もちろんリベットの方に注目しなければならない。

愛媛県大洲市に架かる長浜大橋では、2011年9月から12年6月に補修工事を実施した。職人が赤熱されたリベットを、リベット受けで受け取る。リベットを投げて渡すのは、リベットの温度が低下する前に短時間で施工するためだ。50年ほど前までは、様々な鋼構造物の施工現場で見られた光景だった（写真：右ページも大村 拓也）

ウエブに対するリベット打ちは、空気当て盤を使用できない。写真左側から「タイワン」と呼ぶ冶具で、ロープを前方に引っ掛けて、「てこ」のようにしてリベットの頭を押さえる。熟練者にしかできない難しい技だ

リベットハンマーで部材の下から赤熱したリベットに打撃を加える様子

MISSION2　File.3
橋面上に残る痕跡

橋面上には舗装や地覆、高欄・防護柵、照明柱といった様々な構造物・付属物が存在する。この中には、竣工年代を絞り込むのに役立つものもある。下の写真は、自治体が管理する小規模な橋の橋面だ。ある部分の長さを測れば、推定材料として使えることがある。

竣工年代を推定するための情報は、桁や床版などの主要な部位だけにあるとは限らない。橋面上でチェックしておくと役立つことがあるのが、地覆の幅だ。

　道路橋の路肩に設ける地覆は、車両の転落を防ぐほか、高欄や防護柵の基礎としての役割も担っている。車両が衝突した際の衝撃に耐えるために頑丈な防護柵を設置しようとすると、柵の定着部である地覆の幅を広げなければならない。このように、地覆の幅と高欄・防護柵の強度には密接な関係がある。

　橋梁用防護柵の設計の考え方を初めて示したのが、日本道路協会が1986年に発刊した「防護柵設置要綱・資料集」。この中で、車道に接した橋梁の端部（以下、車道端）の地覆幅の標準を600mmと定めた。

　もし、車道端の地覆幅が600mmよりも小さいなら、その橋は86年よりも前に設計されたと考えられる。他の証拠と組み合わせれば、竣工年代を推定する一助となるだろう。

　全国高欄協会によると、86年より前は地覆に関する明確な基準がなく、橋ごとに必要な幅を確保していたのが実態のようだ。250mmといった中途半端な幅の地覆があれば、地覆自体がない橋梁も数多く存在する。竣工後に拡幅した結果、左右

● 車道端の地覆の幅は1986年から600mmに

[道路の防護柵に関する基準の変遷]

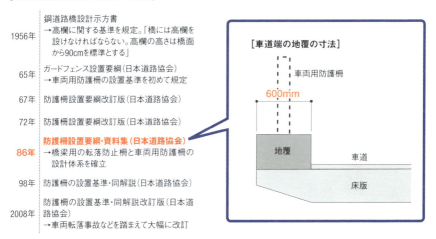

全国高欄協会の資料などをもとに作成

で地覆幅が異なる橋もある。

「橋梁技術の変遷」(多田宏行編著、鹿島出版会)によると、60年代半ばまでは幅300mmが標準だったという。その後、幅500mm以上を確保するようになり、86年からは幅600mmが標準となった。

高欄の形状にもヒント

地覆だけでなく、高欄の形状にも時代によって特徴がある。

右ページの写真のように、コンクリートの束柱と鋼管を組み合わせただけのシンプルな形をした高欄はその一例だ。構造面や高さに関する現行の安全基準を満たしていないものが多いが、地方では更新されないまま、現在も使い続けているケース

上は地覆幅が600mmよりも小さい橋梁。下は昭和30年代(1955〜64年)に建設したとみられる橋。地覆がない橋面にガードレールを設置している

コンクリートの束柱と鋼管を組み合わせた簡易な高欄の例。右の橋梁は、高欄の形状やその他の情報から、1955年竣工と推定した鉄筋コンクリートT桁橋

古い高欄は、簡素なものからデザインに凝ったものまで様々。広島市内に架かる平和大橋（1952年竣工）の鉄筋コンクリート製高欄は、彫刻家のイサム・ノグチがデザインしたことで有名だ

が少なくない。

　高欄の形状には地域性があると考えられるので、全国に適用できるかは検証を要するが、例えば長野県では、このタイプの高欄が昭和30年代から昭和40年代前半（1955年から60年代）に建設された橋梁に多く見られる。とりわけ、RCT桁橋とセットになっていることが多い。

　このような形式の高欄の由来は不明だが、1959年に発刊された「各種高欄の設計と施工」（河村協著、工学出版）には、似たような高欄に関する記載がある。同書では、梁に内径75mmのヒューム管を用いた新錦橋（山口県宇部市）の高欄の計算例を紹介している。同橋は59年に竣工したRCT桁橋だ。

● 一つの情報だけに頼ると間違う恐れも

[橋長約25mの鋼橋で竣工年と適用した設計基準を調査した例]

ガードレールに「昭和45年3月」と記載。1970年の竣工か?

一方、下流側の主桁にある橋歴板には、「1987年10月」と記載してある…

竣工年が大きく食い違っているので、橋の下面を詳しく観察してみる

←下流側　　　上流側→

横桁の形状が上流と下流で異なる。橋台には増築の跡があり、供用後に橋を拡幅したことが分かる。従って、上流側が1970年竣工、下流側が1987年拡幅だと推定できる

他の証拠と組み合わせることが重要

このように、橋面上の構造物や付属物からも、竣工年代の推定に役立つ手掛かりを得ることができる。ただし、注意も必要だ。

一般に、橋面上での補修は橋梁本体に比べると頻繁に行われる。安全に関わる地覆や高欄・防護柵なども、基準の改訂などに伴って、竣工後に改修した可能性が少なくない。地覆幅が600mmあるからといって、86年以降の設計と断定はできない。様々な証拠を組み合わせて推定することが欠かせない。

目に付いた一つの情報だけで橋の竣工年代を推定しようとすると、大きな間違いを犯しかねない。そうしたケースも、最後に示しておこう。

左ページに示した橋梁は、橋長25mほどの鋼橋だ。ガードレールに「昭和45年3月」と記してあり、1970年竣工の橋のように思えるが、事はそう単純ではない。下流側の主桁を確認してみると、橋歴板の竣工年は「1987年10月」となっていた。

実は、橋梁の下面に潜って桁などをきちんと観察すれば、二つの情報の矛盾をすぐに解消できる。横桁や橋台の形状から、竣工後に橋を拡幅したことが読み取れるからだ。竣工年は上流側が70年、下流側が87年だとみられる。矛盾した二つの情報は、いずれも正しかった。

左ページの橋では、下流側の主桁の橋歴板に1972年制定の道路橋示方書を適用したと書いてある。拡幅した年（1987年）と大きな開きがあるのは、設計したものの、なかなか予算が付かなかったからだと考えられる。自治体の橋ではよくあることだ。このように、竣工年が分かっても、適用した基準を特定できるとは限らないので注意を要する

[コラム] 竣工年代推定の実例

聞き取りと地図、構造形態の「合わせ技」で推定

　舞鶴工業高等専門学校の玉田和也教授は2014年、京都府舞鶴市の依頼を受けて、市が管理する橋梁の竣工年代の推定に取り組んだ。

　舞鶴市では、管理している834橋の4割に当たる約340橋の竣工年が不明だ。このうち56橋の竣工年代を学生が調査し、52橋分を推定できた。

　玉田教授の学生は、住民への聞き取り調査や古い航空写真、縮尺2万5000分の1の地図から竣工年代を絞り込んでいった。「道路の幅などが記載されているので、特に地図は有効な資料だった」(玉田教授)。また、学生が聞き取り調査に行くと、住民は好意的に対応してくれるという。教育と社会貢献を両立するうまいやり方だ。

　橋の形状も、推定時の参考にした。1967年に「コンクリート型枠用合板」のJAS(日本農林規格)が制定され、その前後で型枠が無垢材から合板に変化したことなどを利用したという。

● 舞鶴市大浦地区での竣工年代の推定例

推定の流れ

1. 事前に資料を収集・分析
2. 現地で聞き取り調査を実施
3. 聞き取り調査で得た年代を、地図・空中写真で得た年代と比較
4. 1〜3で年代が分からない橋梁は構造形態から推定する
5. 1〜4で推定した竣工年代をもとに再び現地踏査

右ページに続く

地図に記された道路幅をもとに推定

1956年

1972年

2万5000分の1の地図からは、道路の有無や幅が分かる。例えば、上の地図の青丸で囲った位置の道路幅は1956年時点で1m未満だったが、72年には1.5〜2.5mに広がった。こうした変遷と橋の現況を照らし合わせて、竣工年代を推定していく(資料:国土地理院)

構造形態をもとに推定

型枠に合板ではなく、無垢材を使っている。コンクリート型枠用合板のJAS(日本農林規格)が制定された1967年よりも前に建設された可能性がある

大浦地区での推定結果

推定前

推定後

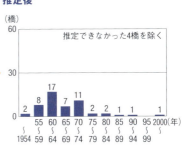

推定できなかった4橋を除く

以前は竣工年が分からない橋を1970年に建設したとみなしていた(左図)。右図のように竣工年代を推定すれば、より精度の高い修繕計画を作成できる(資料・写真:上の写真も舞鶴工業高等専門学校の玉田和也教授)

MISSION2　File.4

横桁は語る

下の写真は、市町村が管理する橋梁などで多く見られるポストテンション方式PC（プレストレスト・コンクリート）T桁橋の下面を撮影したものだ。実は、ある部材に着目すると橋の竣工年代を推定できる。

コンクリート打設後に鋼材を緊張するポストテンション方式のPC橋の日本における歴史は、1953年（昭和28年）に福井県東十郷村（現・坂井市）で竣工した橋長7.85mの十郷橋に始まる。以後、本格的にPC橋の建設が進められるようになった。

　左ページの橋は1955年に竣工し、現在も使用されている道路橋だ。

　注目してほしいのが横桁。最近の橋には見られない斜めの「打ち継ぎ目」があることが分かるだろう。

　PCT桁を現場でつくる際に、「羽」のような形状をした横桁の一部を一体的に製作しておく。次に、PCT桁を架設。その後、間詰めコンクリートと同時に横桁の

● 羽のような形状をした横桁の一部を事前に製作

オレンジ色で示した箇所が、主桁と一体的に製作した横桁の一部

[PCT桁の断面イメージ]

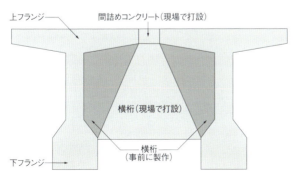

[羽の形状は様々]

● ポストテンション方式PCT桁橋の横桁の変遷

昭和40年代（1965年～74年）以降は、横桁を分割せずに施工

最近は床版下側に空隙がある（写真は1996年竣工の橋梁）

中央部を打設して、横緊張を加える。このような手順を踏んだので、横桁に斜めの打ち継ぎ目が生じたのだ。

　このタイプの横桁は、昭和30年代（1955～64年）の前半によく見られる。当時は締め固め用のバイブレーターや型枠振動機のような便利な道具が存在しなかったので、横桁を一気に打設すると、PCT桁の上フランジ下部に空気がたまる恐れがあった。

　上から棒を突っ込んでかき混ぜるのは、位置的に難しい。そこで、上述のような工法を採ったと考えられる。なお、「羽」の形状にはいくつかの種類が確認されている。

　同じPCT桁橋であっても、昭和40年代（1965～74年）以降は横桁を一気に打設

● 支承の変化に伴い桁端部の横桁の形状も変わる

昭和30年代（1955年〜64年）は、鋼製支承を用いており、横桁は下フランジの上まで

昭和40年代（1965年〜74年）以降はゴム支承を使用するようになり、横桁は下フランジの下面まで

するようになった。最近の橋梁では、床版下側に空隙がある。

用いた支承の変化が形状に影響

　桁端部の横桁にも、竣工年によって違いが出る。昭和30年代はコンクリート橋にも鋼製支承が使われていた。この時代、桁端部の横桁は下フランジの上部までである。しかし、昭和40年代以降はゴム支承が使われるようになった。水平力を支持するアンカーバーを設置しなければならなくなり、横桁は下フランジの下面までとなっている。

　このように、横桁の形状を見るだけでも、PC橋の竣工年代を推定できる場合がある。そのためには、施工技術の変遷を知っておく必要がある。

[コラム]知っておきたい橋梁の変遷

桁に現れた"曲線"の正体は？

　ポストテンション方式のPCT桁橋は、型枠内にシース（さや管）を配してコンクリートを打設した後に、PC鋼材を挿入して緊張させ、シース内にグラウトを充填して施工する。自治体が管理する橋梁の中では、最も一般的な形式と言えるだろう。その設計は、時代によって異なっている。

　現在、ポストテンション方式のPCT桁橋を設計する際は、プレストレスの導入に用いるPC鋼材を主桁の「端部」に定着する。だが、かつては主桁の「上縁」にPC鋼材の一部を定着するのが普通だった。

1955年に竣工したＰＣＴ桁橋の下面。主桁のウエブには、凍結融解が原因とみられる曲線状のひび割れが生じていた

● ポストテンション方式のPCT桁橋における定着部の位置

［上縁定着＋端部定着］

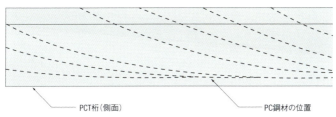

PCT桁（側面）　　　PC鋼材の位置

［端部定着のみ］

● 定着部の位置の変遷（建設省標準設計）

1969年制定	1980年改訂	1994年改訂
PC鋼材の一部を上縁に定着	橋長27m以下では、PC鋼材の一部を上縁に定着	全てのPC鋼材を端部に定着
	橋長28m以上では、全てのPC鋼材を端部に定着	

上縁定着は1993年まで

　上縁定着は、端部定着に比べて問題が起こりやすい。上縁定着が主流だった頃に建設された古いPCT桁橋では、左ページの写真の橋梁のような曲線状のひび割れが浮かび上がることがある。グラウトを十分に充填できていないと、何らかの理由で橋面からシース内に水が浸入。PC鋼材の位置に沿って変状が現れるのだ。

　1969年に建設省標準設計が制定された時代、PC鋼材の一部を主桁の上縁に定着していた。当時は、細い素線をより合わせて製造した「鋼より線」ではなく、直径5mmか7mmの「鋼線（単線）」を12本束ねてPC鋼材としたのが一因だ。1本当たりの緊張力が鋼より線に比べて小さく、全てのPC鋼材を主桁の端部に定着することができなかった。

　80年に標準設計が改訂されてからは、橋長28m以上のPCT桁橋ではPC鋼材を端部に定

着するようになった。それでも27m以下の橋では依然として上縁定着を採用していた。全PC鋼材の端部定着が標準になったのは、94年の改訂以降だ。

間詰めコンクリートはなぜ落ちたのか

　以下ではPCT桁橋を題材に、時代の流れに伴う形状の変化をもう一つ紹介しよう。

　PCT桁橋で床版の間詰めコンクリートを点検する際は、漏水や遊離石灰などの状況をチェックする必要がある。打ち継ぎ目は雨水が浸入し、劣化しやすい箇所だからだ。古いT桁橋では、桁との境目の劣化が進むと間詰めコンクリートがごっそり抜け落ちてしまい、第三者被害をもたらす恐れがある。

　ポストテンション方式のPCT桁の場合、69年に建設省標準設計が制定されるまで、T桁の上フランジ側部にはテーパーがなかった。従って、間詰めコンクリートの断面が長方形になっており、打ち継ぎ目のひび割れなどが進行すると落下しやすい。制定後、フランジに設けたテーパーのおかげで間詰めコンクリートの形状は逆台形となり、抜け落ちにくくなった。

　プレテンション方式のPCT桁の場合は、「JIS A 5316」の71年改正を境に、上フランジにテーパーを設けるようになった。

　テーパーの有無は見た目では分からないので、竣工年代の推定には使いづらいが、点検・診断に臨むうえで押さえておかなければならない基礎知識だ。また、間詰めコンクリートの落下には、主桁との連結鉄筋の有無も関係するので、頭に入れておく必要がある。

間詰めコンクリートが落下したT桁。黒い部分は舗装
（写真：国土交通省）

● 間詰めコンクリートの落下を防ぐPCT桁上フランジのテーパー

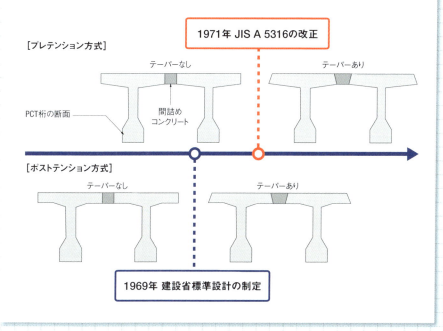

MISSION2　エピローグ

謎解きは維持管理の始まり

本章の最後に、NPO法人橋梁メンテナンス技術研究所の月原光昭事務局長、橋梁調査会橋梁診断室の技術アドバイザーを務める樋野企画の樋野勝巳代表と、定期点検の本格化に向けた心構えを探る。

「国土交通省は、施設の点検が一巡する最初の5年間を『インフラ情報重点化5箇年』（5年間の約束）と位置付け、特に重要な情報に関しては、この5年間に情報の見える化を確実に実施していくべきである」。

これは、同省の社会資本整備審議会と交通政策審議会技術分科会技術部会が2015年2月に示した「社会資本のメンテナンス情報に関わる3つのミッションとその推進方策」の一文だ。

この提言では、インフラの維持管理を進めるうえで、次のようなミッションの実現が必要だとする。(1) 現場のための正確な情報の把握と蓄積、(2) 維持管理に対する国民の理解と支援を得るための情報の可視化、(3) 国や自治体、研究機関などにおける情報の共有化、の三つだ。

提言では、国民に公表する個別施設の情報として「建設年度」を例示した。また、国が全施設に関して共有すべき重要な情報としても「建設年度」を挙げた。もちろん、道路橋の竣工年も例外ではない。

竣工年は橋の損傷原因を絞り込んで適切な補修方法を選んだり、補修や架け替えの優先順位を付けたりするのに役立つ。財政状況が厳しい市町村では、なおさら重みを持つ基礎情報のはずだ。

なぜか軽視されてきた竣工年

しかし、これまでは意外なほど軽視されてきた。その結果、国内にある道路橋の現状さえも思うように把握できない状況が生まれた。

例えば、14年の国土交通白書には、「建設後50年を経過する社会資本の割合」と

(資料:国土交通省)

題した表が載っている。道路橋の場合、割合は13年3月の約18%から、33年3月に約67%まで上昇するという内容だ。

この表は、同省がインフラの老朽化に関して説明する際に頻繁に使用する基礎的な資料だが、竣工年が分からない橋を除いて割合を算出しており、正確さを欠く。

「年代」の推定ならそれほど難しくはない

冒頭の提言は、維持管理に関する情報の把握や公開の重要性を説き、自治体にも実行を求めている。

国交省の点検記録様式に「架設年次が不明の場合は『不明』と記入する」と書いてあるからといって、橋の竣工年代を推定する努力を最初から放棄するようでは、

● 竣工年代の推定に使える知識の例

地覆の幅	1986年以降は600mmに
鉄筋	1964年以降、丸鋼から異形棒鋼に
床版	1950年代まで、セメント袋や紙などでコンクリートと型枠の固着を防いだ例がある
継ぎ手	1964年頃を境にリベットから高力ボルトへ。F11T、F13Tは使用時期が短い
PCT桁（テーパー）	ポストテンション方式は1969年以降、プレテンション方式は1971年以降、主桁上フランジ端部にテーパーあり
PCT桁（定着部）	1969〜79年はPC鋼材の一部を上縁に定着。1980〜93年は橋長27m以下でPC鋼材の一部を上縁に定着、28m以上で全て端部定着。1994年以降はPC鋼材の全てを端部に定着
PCT桁（横桁の形状）	昭和30年代（1955〜64年）には、横桁を2段階に分けて打設したケースがある

道路管理者としての責任を果たしているとはいえない。

　もちろん、事はそれほど容易ではないかもしれない。国交省による14年の調査では、橋の保全業務に携わる土木技術者を抱えていない自治体が町で3割、村で6割に上った。5年に1回の定期点検をこなすだけで手一杯な自治体が少なくない。

　そこで参考にしてほしいのが、本書で紹介した竣工年代の推定方法だ。竣工年を特定することは難しくても、年代を推定することなら、それほど困難ではない。

　長野県を拠点に橋梁の点検・診断などを手掛けるNPO法人橋梁メンテナンス技術研究所の月原光昭事務局長は、「県内の市町村が管理する道路橋の場合、私が見た範囲では、ほとんど竣工年代を推定できた」と話す。樋野企画の樋野勝巳代表は、「基本的な知識を押さえて、実りある点検にしてほしい」とエールを送る。

専門知識を持ち寄って解決を

　推定に使う個々の知識は、その道の専門家にとってみれば周知の事実であることもしばしば。老朽橋探偵のように、分野を横断して豊富な知識を持つ人物がいなくても、複数の技術者が専門知識を持ち寄れば、解決できることは少なくない。

　こうしたやり方は、橋以外でも役立つかもしれない。国交省の資料によると、全国に約1万本あるトンネルでは約250本が、国が管理する約1万の河川管理施設でも

約1000施設が、いずれも竣工年不明だ。

　定期点検の結果をもとに、土木技術者の専門知識を生かして構造物の状態を診断できてこそ、補修や補強などの措置を実施できる。ただ、そこにも大きな課題が潜んでいる。

　樋野代表は、「絞り込んだ変状の原因や検討した対策が全て正しくても、想定した性能を100％発揮できるように工事することは非常に難しい」と指摘する。きちんと直したはずなのに再劣化を起こすのはなぜか、理論上は正しいはずの補修工法が効果を発揮できないのはどうしてか──。補修や補強の実施に当たって解き明かすべき謎は多そうだ。この続きは、次章に譲ろう。

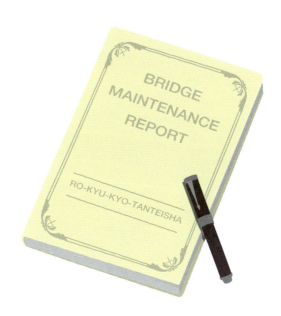

NEXT MISSION　補修失敗の原因を探れ▶▶▶

MISSION 3

補修失敗の原因を探れ

INDEX

[プロローグ] 補修のミステリーに挑む ･････････････ p106
[File.1] 増し厚の不協和音 ･････････････････････ p110
[File.2] 主桁座屈の謎 ･･･････････････････････ p120
[File.3] 床版補強の迷宮 ･････････････････････ p132
[File.4] 電気防食の神話 ･････････････････････ p144
[File.5] 桁端防水の苦悩 ･････････････････････ p150
[File.6] 塗装剥離の密室 ･････････････････････ p154
[エピローグ] 「事実」と向き合う覚悟を ･･･････････ p166

MISSION3 プロローグ

補修のミステリーに挑む

橋の維持・補修にまつわる謎を一手に扱う老朽橋探偵社。いつものように、眉間にしわを寄せて図面を眺める老朽橋探偵の前で、一本の電話が鳴り響いた。探偵はひとしきり話すと、静かに手招きをして助手のKを呼び寄せた。

老朽橋探偵——　K君、少し前に提出してくれた報告書は、なかなか良くまとまっていたよ。ほら、橋の形状などから竣工年代を推定するという、例のリポートさ（MISSION2を参照）。

K助手——　あっ、ありがとうございます（なんだ。怖い顔をしているから、怒られるかと思ったよ）。

老朽橋探偵——　全国に約70万橋ある道路橋のうち、竣工年が分からない橋は約23万橋とされる。これらの竣工年代を推定できれば、損傷原因を絞り込んだり、補修や架け替えの優先順位を付けたりするのに役立つだろう。君のリポートが、状況の改善に少しでも生かされるといいね。

K助手——　はい！ 2014年7月の義務化を受けて、道路橋の定期点検は本格化しています。橋を詳細に点検し、健全性を正しく診断できれば、適切に補修や補強の計画を立てられる。そうなればもう、うまくいったようなものですよ。

老朽橋探偵——　…K君、それは少し楽観的すぎやしないか。

K助手——　えっ、僕は何かおかしなことを言ったでしょうか。

老朽橋探偵——　言ったとも。君は補修や補強の現場を、少し甘く見ているんじゃないか。

K助手——　新設と比べると、簡単そうに思えるのですが…。

老朽橋探偵——　そんなことはない。施工条件一つとっても、その難しさが分かるはずだ。

　補修工事は桁端部のように狭い空間で行うことが多い。床版の裏側などに補強を施す場合は、作業員が長時間にわたって上を向きながら施工しなければならない。作業環境が良くないことが多いので、施工精度が悪くなりがちだ。工期が厳しいことも多い。交通規制の期間をできるだけ短くしなければならないからね。

　君がさっき言ったように、仮に漏れなく点検をして、橋の健全性を正しく診断し、完璧な計画・設計ができても、肝心の工事がうまくいかないと早期に再劣化を招いてしまう。

K助手——　なるほど。既設の橋を相手にする補修・補強には、新設と違った難しさがあるのですね。

失敗事例や事故が増える恐れも

老朽橋探偵―― そのとおり。工法の選定を誤れば、補修や補強の効果がないどころか、工事をきっかけに健全な部材を傷めてしまうことさえあるから注意が必要だ。問題は品質面ばかりではない。人命に関わりかねない事故が起こることもある。

　橋の点検が進めば、今後は自治体が管理する橋梁の補修が増えることだろう。事業量が増えると、経験の乏しい技術者が設計や工事に携わる機会が多くなる。一方、道路管理者も技術力不足に悩んでいて、建設コンサルタント会社が選んだ工法の良しあしを判断できず、困っているとも聞く。これまで以上に失敗事例や事故が増えやしないか、心配でならない。

K助手―― ようやく僕にも、事の重大さが分かってきました。

老朽橋探偵——　そうか。では、補修・補強の難しさが理解できたところで、君に一つ、提案がある。

K助手——　一体どんなことでしょう？

老朽橋探偵——　私はこれから、いくつかの現場に足を運んで、補修・補強の不具合や事故とその原因、対処方法などを調べてみようと思う。せっかくだからK君も現場に来て、補修や補強のミステリーを解き明かしてみないか。君は文章をまとめるのが得意なようだから、例によって成果をリポートにまとめてほしい。

K助手——　喜んでお供いたします！

MISSION3　File.1
増し厚の不協和音

数年前に上面増し厚工法でRC（鉄筋コンクリート）床版を補強した橋の舗装に、ポットホールが発生した。舗装を修繕して経過を観察したところ、再び損傷。その後の点検では、床版下面に漏水が見つかった。舗装の一部を撤去して詳しく調べてみると、増し厚コンクリートと既設床版の境界面の剥離や、既設床版上面の土砂化などを確認した。劣化は外見以上に進行していたようだ。再劣化はなぜ起こったのか。

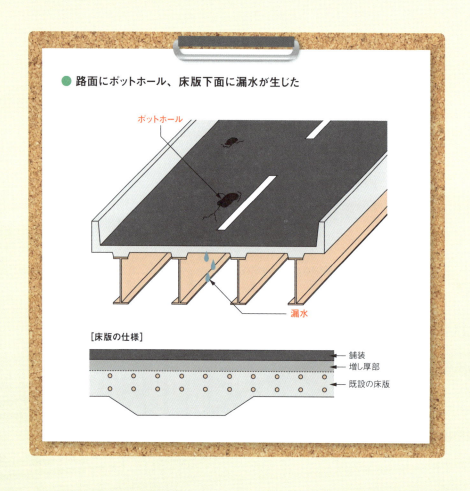

● 路面にポットホール、床版下面に漏水が生じた

上面増し厚工法は、RC床版上面のコンクリートを10mmほど研掃し、その上に厚さ50mm程度の繊維補強コンクリートを打設して、床版の曲げ耐力やせん断耐力を増す補強工法だ。既に20年以上の実績があり、実験などで補強効果が確認されている。道路橋への適用事例が多い、おなじみの工法だ。

その効果を十分に引き出すカギは、新旧コンクリートの一体化にある。一体化が図れないと、この橋のように補強によって床版の寿命を縮めてしまうことがある。最近になって、上面増し厚工法を適用して補強した床版の再劣化が数多く報告されるようになってきた。施工からわずか数年後に、床版の全面打ち替えを余儀なくされた事例もあるようだ。

脆弱部が深ければ部分打ち替えに

上面増し厚工法では、アスファルト舗装を剥ぎ取った後に、ショットブラスト工

● 床版の主な補強工法

[上面増し厚工法]

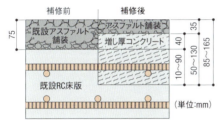

床版の上面をはつってコンクリートを増し打ちする

[下面増し厚工法]

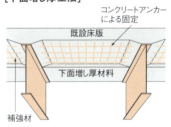

床版の下面に30～40mm厚のコンクリートを吹き付ける

[FRP接着]

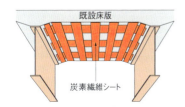

床版の下面に炭素繊維シートを格子状に貼り付ける

[鋼板接着]

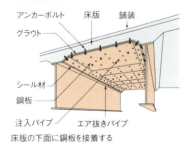

床版の下面に鋼板を接着する

法などで既設床版の脆弱部を適切に除去する必要がある。

　この作業が不十分だと、新旧コンクリートの一体化が図れず、輪荷重の繰り返し作用などで境界面に剥離が生じ、早期に再劣化が起こる恐れがある。特に、端部は研掃しづらいので注意を要する。

　既設床版の状態を把握して作業に取り掛からなければならないが、実際はそれほど簡単なことではない。工法選定時に分かるのは、せいぜい採取したコアに基づく点情報にすぎないからだ。舗装の撤去後に、ようやく床版全面の様子が明らかにな

● **上面増し厚工法を採用した床版の再劣化のイメージ**

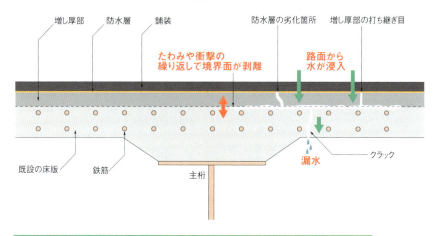

現れる変状の例
・舗装のひび割れ、ポットホール　・床版の剥離、上面の土砂化　・床版下面の漏水

● **工法変更を見極める際の目安**

る。技術者はここで、工法の妥当性を見極めなければならない。多分に経験がものをいう。

　床版の劣化が進んでいると、どこまで研掃しても健全な部分が出てこない場合がある。

　例えば、脆弱部の深さが床版の厚さの2分の1以上もあれば、残りの床版も完全に健全だとは言い切れず、一体化も期待できない。その場合は上面増し厚工法を適用できないので、部分打ち替えといった別の工法を検討する必要が出てくる。

　工法の変更は工期やコストへの影響が大きく、発注者は判断に苦慮することがあるかもしれないが、確実な補強効果を得るには避けては通れない。

　部分打ち替えを採用した場合も、新旧コンクリートの一体化が重要だ。新たにコンクリートを打設した箇所は過度に補強せず、できる限り元の床版の性状に近付ける必要がある。

上面増し厚工法は、1993年の車両制限令改正に伴う通行車両の大型化（B活荷重）に対応する形で普及した。最近になって、再劣化した事例の報告が増えている

水の浸入も再劣化の要因

　補強した床版の再劣化は、増し厚コンクリート同士の打ち継ぎ目から雨水が浸入することでも起こる。打ち継ぎ目は、橋を全面通行止めにして施工しない限り、必ずできてしまうから厄介だ。

　打ち継ぎ目の処理が不十分だと雨水が浸入して新旧コンクリートの境界面の剥離を広げる原因となる。既設床版の上面が土砂化したり、舗装にポットホールが生じたりもする。

東日本高速道路会社は2014年から、東北自動車道福島西IC(インターチェンジ)—福島飯坂IC間に位置する福島須川橋と福島荒川橋で床版の取り替え工事を進めている。写真はRC床版を吊り上げ、撤去する様子(写真:右ページも東日本高速道路会社)

　2000年代以降、増し厚コンクリートの上面に防水層を設けて床版内部に路面排水が浸入するのを防ぐようになってきたが、1990年代までは防水層を設けずに施工することが多かった。当時の橋では、今後も再劣化が顕在化する恐れがある。

　一方、防水層を設けたからといって油断はできない。施工の制約上、増し厚コンクリートと同様に、防水層にも継ぎ目ができるからだ。「重ねしろ」を確保して、弱点とならないようにする必要がある。

　このほか、最近では新旧コンクリートの境界面にエポキシ樹脂系の接着剤を塗布したり、既設床版に浸透する接着剤を塗布して脆弱部を補強したりして耐久性を高める技術が増えているので、参考にするといい。

損傷したRC床版を撤去し、プレキャスト床版と伸縮装置を設置した様子

> 高速道路会社の大規模更新が本格化すれば、プレキャスト床版への取り替え工事を見る機会が増えそうだ。工期が厳しくなるだろうから、現場は苦労しそう

既設床版上面のコンクリートが土砂化している(左の写真)。右は撤去した床版の断面。水平方向にひび割れが生じている

● 防水層の構成断面の例

(1) シート系防水層
(流し貼り型、加熱溶着型、常温粘着型)

| アスファルト舗装 |
| 防水材(シート系防水材) |
| プライマー |
| コンクリート床版 |

(2) 塗膜系防水層
(アスファルト加熱型、ゴム溶剤型)

| アスファルト舗装 |
| ケイ砂 |
| 防水材 |
| プライマー |
| コンクリート床版 |

(3) 高規格防水層

| 表層 |
| 基層 |
| 舗装接着剤 |
| 舗装接着剤 |
| ウレタン防水 |
| 床版接着剤 |
| コンクリート床版 |

(資料:(1)と(2)は日本道路協会「道路橋床版防水便覧」、2007年3月)

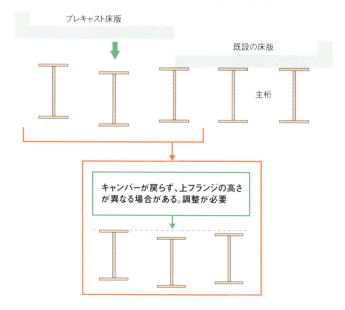

● プレキャスト床版と既設部材を接合する際の注意点

本格化する取り替え工事

　過去に上面増し厚工法で補強したRC床版の取り替え工事も始まっている。東日本高速道路会社が管理している東北自動車道福島西IC（インターチェンジ）―福島飯坂IC間の福島須川橋は、その最新事例だ。

　同橋は75年に開通した橋長88mの鋼鈑桁橋。93年に床版の上面増し厚と防水工事を実施し、2003年に上面を補修。以降、床版の部分打ち替えを実施してきたが、損傷が激しいことから抜本策を講じることになった。

　東日本高速は、同橋と福島荒川橋の2橋でRC床版をプレキャスト床版に取り替える老朽化対策工事をIHIインフラ建設に発注。14年の9月中旬～10月上旬、15年の5月中旬～6月下旬と秋ごろの3回に分け、片側車線を交通規制（昼夜連続）して工事を進めた。

プレキャスト床版の利点と注意点

　このように、RC床版の取り替え工事では交通規制の期間短縮が課題となるので、

プレキャスト床版が有力な選択肢となる。工場で製作するので、品質が安定しているのも利点だ。ただし、プレキャスト床版の施工時にも注意すべき点がある。

例えば、現場でプレキャスト床版を既設の鋼製主桁に取り付ける際に、各主桁の上フランジ上面の高さがそろわないことがある。

主桁同士の拘束や支承の拘束（機能障害）、反対車線からの分配荷重などが影響して、RC床版を撤去して死荷重がなくなっても、桁のキャンバー（上反り）が完全には戻らないからだ。そこで、取り付けの際にモルタルで高さを調整する必要がある。プレキャスト床版同士を接合する際も同様だ。

現場調整を無視して設計すると、隣り合うプレキャスト床版に段差が生じた際に、新たに高さ調整用の均しモルタルを要する場合もある。せっかく床版を薄くして死荷重を減らしたのに、取り替え前よりも重くなっては本末転倒だ。補修に工場製品を用いる際は、このような施工時の誤差を吸収できる構造にしておかなければならない。

品質確保チェックリスト
床版の上面増し厚工法の鉄則

☐ **既設床版との一体化がポイント**
　・既設床版の脆弱部を余さず削り取る
　・脆弱部が深ければ、工法の変更を検討する

☐ **打ち継ぎ目の処理に注意**
　・コンクリートや橋面防水の継ぎ目は弱点になる

☐ **プレキャスト床版への打ち替え時は「誤差」を考慮**
　・再劣化した床版はプレキャスト床版に取り替えることが多い
　・主桁との接続時などは「調整しろ」を設けておく

補修・補強事件簿（1） 上面増し厚工法の再劣化

損傷激しく床版取り替えの例も

床版の上面増し厚工法で補強した橋が、十数年で再劣化する事例が出始めた。東名高速道路などでは同工法で補強した橋が多く、同様の再劣化が今後も表面化する恐れがある。
（日経コンストラクション2010年5月28日号掲載記事を一部加工して転載）

　床版上面増し厚工法は、既設床版にコンクリートを増し打ちする補強工法だ。西日本高速道路会社によると、高速道路にTT－43と呼ぶ活荷重を採用した1973年よりも前に建設され、かつ交通量が多い橋を優先的に補強してきた。同社では、名神高速道路などで上面増し厚による補強を実施した例が多い。車両制限令の改正で車両の総重量が20tから25tに引き上げられた93年以降が、補強実施のピークだ。

　同社の関西支社が管理する範囲で再劣化が現れ始めたのは、2005年前後だとみられる。舗装にポットホールが生じたり、増し厚したコンクリートが剥離したりした。西名阪自動車道の御幸大橋（奈良県）では、再劣化が原因で10年3月に床版を取り替えた。1992年に上面増し厚で補強した橋だ。中国自動車道の矢野川橋（兵庫県）も同じ工法で94年に補強し、再劣化したために2008年に床版を取り替えている。

　上面増し厚工法は、車線ごとに交通規制して施工する。その際、車線間にコンクリートの打

左は名神高速道路で発生したポットホール。増し厚した床版の打ち継ぎ目が確認できる。右はポットホールが発生した箇所の舗装をはつった状況。赤い丸印が床版の劣化箇所で、矢印の先が打ち継ぎ目
（写真・資料：右ページも西日本高速道路会社）

● 2010年4月に改正した設計要領

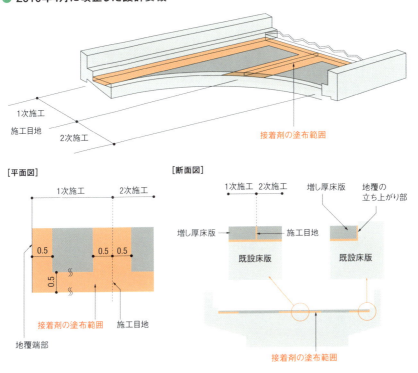

ち継ぎ目ができる。この目地から雨水が浸入し、荷重が繰り返し作用して、新旧コンクリートが剥離したと考えられる。既設床版上面と舗装の間にも雨水が浸入して床版が劣化し、ポットホールが発生したようだ。

　雨水は目地だけでなく、増し厚コンクリートのひび割れから浸入した恐れもある。当時は橋面に防水層を施工しておらず、雨水の浸入を許してしまった。

増し厚の設計要領を改正

　西日本高速は10年4月に、上面増し厚工法の設計要領を改正している。増し厚コンクリート端部の付着耐久性を高めるために、接着剤の塗布を標準化したのだ。既設床版の脆弱部をはつって表面を研掃する際に、端部の施工が難しく、十分な付着耐久性を確保できない場合があったからだ。接着剤の塗布範囲は、上図のとおり。接着剤には、規定の水浸疲労耐久性を満たした材料を用いる。

MISSION3　File.2

主桁座屈の謎

1960年代に完成した鋼合成鈑桁橋で、損傷が目立つRC床版の取り替え工事を進めていた。片側車線を交通規制し、橋台側から橋の中央に向かって重機で床版を取り壊している最中のことだ。突然、主桁が大きく変形し、橋がぐらりと傾いた。幸い、作業員や橋の利用者に被害はなかったが、復旧までの1カ月間、橋は全面通行止めを余儀なくされた。

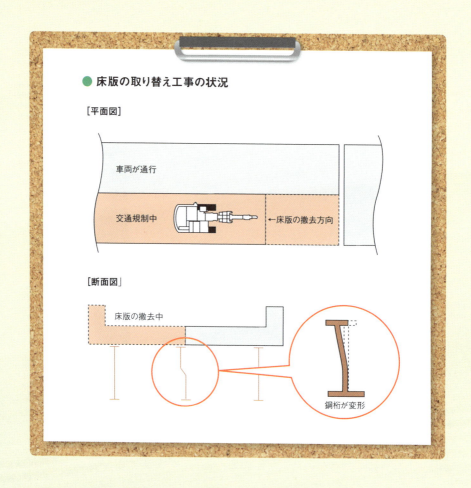

● 床版の取り替え工事の状況

鋼鈑桁橋の形式は、合成桁と非合成桁に大別できる。

　このうち合成桁は、鋼桁の上フランジとRC床版を、ずれ止め（スタッド）を介して一体化し、桁に生じる曲げ圧縮応力の一部を床版が負担するように設計した桁だ。桁と床版の両方で荷重を支えるので、荷重を桁だけで負担する非合成桁に比べて桁高を低く抑えたり、上フランジの幅を小さくしたりできるメリットがある。

　合理的で経済性に優れた構造形式であるとみなされ、1960年代から70年代に多くの道路橋に適用された。しかし、80年代に入ると採用数は激減する。交通量の増加や車両の大型化に伴い、配力鉄筋量が現在に比べて少ない時代に設計されたRC床版が、相次いで損傷するようになったのがきっかけだ。

主桁の「横倒れ座屈」が発生

　床版が損傷すると、構造部材としての性能が損なわれる。問題はそれだけではない。合成桁の場合、補修のために傷んだ床版を撤去する際に、細心の注意が必要になるのだ。

　非合成桁であれば、床版を撤去してしまっても桁だけで荷重を支持できる。一方、合成桁では通行車両や工事用の重機・資材などを、残りの床版と桁で支えなければならない。必要な対策を講じないと、鋼桁の上フランジに大きな曲げ圧縮応力が作用し、主桁が「横倒れ座屈」を起こす恐れがある。

　この橋でも、主桁に適切な補強を施

補修時に注意を要する点が敬遠され、合成桁が「御法度」だった時代がある。近年、床版の耐久性が向上したことを受けて、再び日の目を見るようになっている

● **合成桁と非合成桁の挙動の違い**

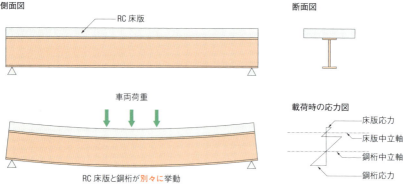

● **床版打ち替え時の相違点**

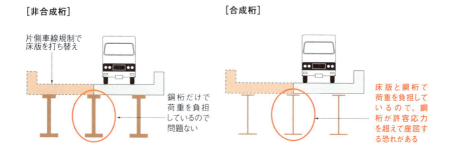

● 合成桁と非合成桁の簡単な見分け方

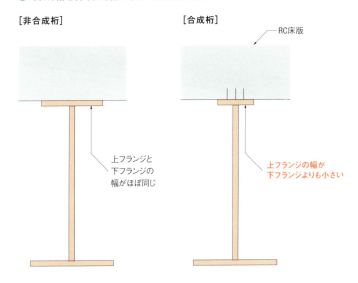

さずに床版の撤去を進めたために、横倒れ座屈を起こしたとみられる。一歩間違えば、人命に関わる重大なミスだ。たとえ人的被害がなくても、工事の中断と全面通行止めに伴って周辺の道路に大渋滞が発生し、道路管理者や施工者、設計者などの関係者が対応に忙殺されることになりかねない。

施工段階ごとに応力を照査

　ミスを防ぐには、少なくとも次のようなポイントを押さえて設計・施工に挑まなければならない。

　まずは、対象の橋が合成桁か非合成桁かを確認する。図面と設計計算書などがあれば、これに基づいて判断すれば良い。ただし、図面が本当に対象とする橋梁のものかどうか、竣工後に大規模な補強工事や改良工事を実施していないか、といった点を確認しておく必要がある。

　図面などがなければ、現地調査をもとに判断する必要がある。合成桁だと主桁の上フランジの幅が下フランジに比べて小さいので、ひと目で分かることもある。見た目で判別できなければ、現地で部材を実測して判断する。

フランジやウエブの幅と厚さ、桁高、床版の厚さなどを計測し、主桁の設計図を復元して、合成桁か非合成桁かを判断するのだ。
　合成桁であることが判明し、工法が決まれば、使用する重機や資材、通行車両の荷重といった施工条件の下、各段階で主桁に作用する応力を照査する。
　例えば、撤去した床版や取り替え用の新しい床版を運搬する重機が施工中の橋梁上を通行する場合を想定し、安全性をチェックしておく。
　照査で応力が許容値を超えた場合は、主桁を補強しなければならない。補強材による主桁断面の補強、横桁の追加、外ケーブルの設置、支保工（ベント）などの中から、現場の条件に合った方法を選ぶ。

解体工事でも同様の事故

　合成桁にまつわる工事中のトラブルや事故は、以前から発生している。また、補修工事だけでなく、旧橋を撤去するような場合も注意が必要だ。
　国土交通省北海道開発局小樽開発建設部が藤信建設（北海道倶知安町）に発注して撤去工事を進めていた旧月見橋（同赤井川村）は、2013年9月2日に崩落した。同橋は1965年に完成した橋長約30mの単純鋼合成I桁橋。RC床版を撤去したとこ

● **鋼桁の代表的な補強方法**

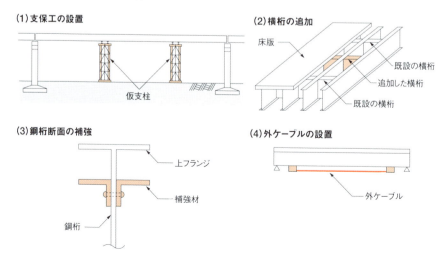

主桁が「くの字」状に折れ曲がっている様子が見て取れる。同じような事故は、以前から繰り返されているんだ

国土交通省北海道開発局小樽開発建設部が撤去を進めていた旧月見橋（北海道赤井川村）が、2013年9月2日に崩落した（写真：国土交通省）

ろ、主桁が大きく変形して橋は余市川に落下した。この事故では、作業員7人が負傷した。

　山梨県南アルプス市の旧浅原橋でも、2013年12月10日に事故が起こった。右岸側の橋台から左岸側に向かって厚さ16cmのRC床版を約6m撤去した時点で主桁が座屈。橋が落下した。

　橋の上では、バケット容量0.7m³クラスのバックホーにブレーカーを取り付けた重機を使用し、オペレーターが1人で解体作業をしていた。橋とともに重機も落下し、オペレーターが負傷している。

　旧浅原橋は釜無川に架かる橋長約401mの鋼鈑桁橋で、1962年に完成した。上流

● 解体中に崩壊した山梨県の旧浅原橋

[側面図]

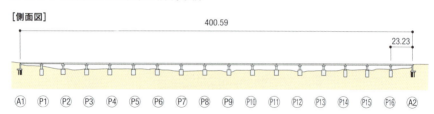

[平面図]

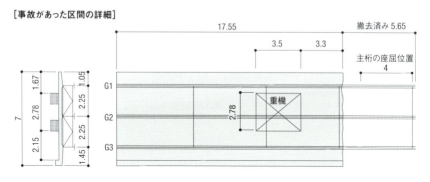

[事故があった区間の詳細]

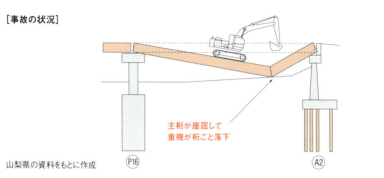

[事故の状況]

山梨県の資料をもとに作成

事故防止チェックリスト
床版の打ち替え・橋梁解体時の鉄則

☐ **合成桁か非合成桁かを把握する**
- ・現地調査を踏まえて判断する
- ・橋の部位ごとに構造形式が異なることもある

☐ **施工の段階ごとに主桁の応力を照査する**
- ・工事完了後の応力照査だけでは不十分
- ・特に橋の解体工事ではチェックが甘くなりがち

☐ **応力が許容値を超えていれば適切な補強を実施する**
- ・現場の状況を確認して補強方法を選ぶ

側に建設した新橋の供用を受けて、県は旧橋の撤去を2期に分けて計画。全17径間のうち、右岸側から9径間分を撤去する第1期工事を2013年10月～14年6月の工期で齋藤建設(甲府市)に発注した。新橋と旧橋撤去工事の各設計業務は、06年度に長大が受注した。

県は、長大が旧橋の構造形式を確認せずに工法を選定したことが原因で事故を引き起こしたとして、同社に2カ月間の指名停止措置を講じた。「設計図だけでは合成桁かどうかを判別するのは難しいが、現地を調査すれば分かったはず。応力の照査も実施していなかった」(山梨県県土整備部道路整備課地方道担当の水口保一課長補佐)。

一方で、水口課長補佐はこう続ける。「橋の撤去では、建設時と比べると安全性のチェックが甘くなりがちだ。我々も反省しなければならない」。県は事故後、出先機関などに注意を喚起する文書を出した。受発注者双方が気を引き締めて工事に臨まなければ、同様の事故はいつまでも繰り返される。

補修・補強事件簿(2)　補修工事がもたらした事故

誤って床版の主筋まで切断

2011年10月に福岡県直方市の跨線橋で発生した歩道崩落事故は、09年の補修工事における舗装切断作業のミスが原因だった。現場代理人が作業員に切断深さを周知しなかったことで、作業員は必要以上の深さまで切り込み、床版や鉄筋を切断した。

(日経コンストラクション2012年2月27日号掲載記事を一部加工して転載、肩書きは当時)

　歩道が崩れたのは、福岡県直方市内を走る県道上新入直方線の御館橋だ。同橋は全長150.3m、全幅員10.05～13.7mで、両側には幅1.4～2.05mの歩道がある。1959年に完成した。橋の下をJR筑豊本線が通る跨線橋で、鋼単純ローゼ橋の中央径間と鉄筋コンクリート単純T桁橋の側径間から成る。

　2011年10月24日午前11時ごろ、桁下の倉庫を撤去する作業に携わっていた技術者が、A1橋台とP3橋脚の間の南側歩道舗装面に亀裂が生じていることに気付き、管理者の福岡県に報告。県はすぐにこの歩道を通行止めにした。

　翌25日午前11時ごろに県の職員が同橋の状況を確認したところ、南側歩道は縦断方向に長さ27mにわたって崩れて垂れ下がっていた。県は南側の車道も通行止めにするとともに、

左は南側の側面から見た事故発生当時の御館橋。歩道が垂れ下がり、柵だけで何とか落下を食い止めているように見える。右は橋面から見た崩落箇所。縦断方向に約30mにわたって崩れた(写真・資料：右ページも福岡県)

● 御館橋の概要と崩落箇所

[側面図]

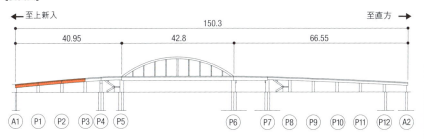

[平面図]

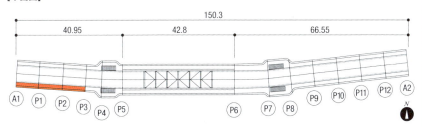

[断面図]

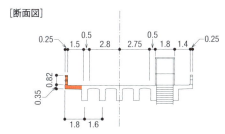

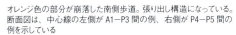

オレンジ色の部分が崩落した南側歩道。張り出し構造になっている。
断面図は、中心線の左側がA1－P3間の例、右側がP4－P5間の例を示している

2011年10月24日に南側歩道に発生した亀裂。南側歩道は同日夜から翌朝の間に崩れた

橋の下を通る道路も通行止めにした。人的被害はなかった。
　県は25日夜から、九州共立大学総合研究所の牧角龍憲所長らから成る調査班を現地に派遣して緊急調査を実施。26日には、落下の恐れがあるとして南側歩道を撤去した。

舗装厚の3倍以上も切断

　南側歩道の断面は床版が縦断方向に割れ、横断方向の上下に配された主筋のうち上側が破断

● 歩道部の舗装切断作業のイメージ

[平面図]

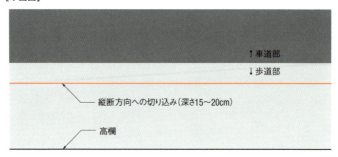

[断面図]

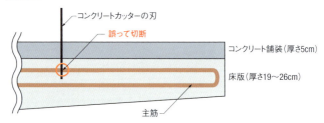

既設の舗装をはつりやすくするための準備作業として、コンクリートカッターで縦断方向に切り込みを入れたが、深さが適切でなかった

していた。県は、御館橋で実施された過去の工事をリストアップして各施工者に聞き取り調査を実施するとともに、調査班に破断面の分析などを依頼した。

　この聞き取り調査のなかで、09年の補修工事を担当した山九ロードエンジニアリング（北九州市）から、コンクリートカッターによる舗装切断作業で誤って鉄筋を切断していた可能性が高いとの回答があった。

　同社が実施したのは、舗装の打ち替えなどの工事で、舗装切断作業は既存のコンクリート舗装をはつりやすくするために切り込みを入れる準備作業だ。

　一方、破断面を分析した調査班は、破断面の付着物がカッターで切った際に出る粉の成分と一致すること、鉄筋の切り口がカッターのようなもので切断された状態だったことを確認。県は、09年の補修工事が事故の原因であることが裏付けられたと判断した。

　福岡県直方県土整備事務所の中尾格副所長によれば、県は舗装切断作業の前に現場代理人と

ともにコアを採取し、舗装の厚さを5cmと確認していた。ところが、現場代理人がこれを現場に周知しなかったので、作業員が縦断方向に15〜20cmの深さまでカッターを入れ、床版や上側の主筋を切断してしまった。

　「現場代理人は当時、作業員の誤切断に気付いていなかった。この事故の状況から判断し、指示不足が誤切断につながって事故を招いたと認めた」(中尾副所長)。

　山九ロードエンジニアリングは、北側歩道でも同様の方法で施工していた。南側歩道のような変状は見られなかったが、安全確保のために支保工を自ら設置した。

　09年の補修工事完了時から約3年もたって崩れた理由ははっきりしていない。ただ、この事故発生時に実施していた桁下倉庫の撤去作業が影響した可能性がある。

　この作業では、崩れた歩道直下で地面から歩道の下面までの高さがあるブロック壁を撤去していた。「あくまでも推測だが、事故発生のタイミングを考えると、この壁が崩落を遅らせていた可能性もある」(直方県土整備事務所道路維持課の曽根佳哉課長)。

県は管内の262橋を緊急調査

　歩道の崩落事故を受けて施工者は、まず応急的な対策として、現在進行中の工事で具体的な指示内容の周知徹底などを図った。

　ヒューマンエラーを防ぐための恒久的な対策として、例えば、工費の違いによる提出義務の有無に関係なく、発注者に施工計画書を必ず提出して、段取りや使用機械などの施工情報を現場でしっかり共有できるようにする。さらに、技術部長が現場に出向いて作業内容をチェックシートで確認する「品質パトロール」を実施している。社員研修も定期的に開催する。

　県は、管内で御館橋と似た構造を持つ262橋の調査を実施し、異状がないことを確認した。ただ、「御館橋でのミスは、ほかの工事でも起こり得る」(中尾副所長)ことから、この事故の問題点を職員に周知する研修会を12年1月26日に開催するなどの対策を講じた。

MISSION3 File.3

床版補強の迷宮

ある橋梁で、車両用防護柵を交換して現行基準に適合させる工事を実施した。設計荷重の増加を踏まえて計算すると、RC床版の張り出し部で、橋軸直角方向の上側鉄筋に作用する応力が設計許容値を超えた。そこで、健全な床版の上面をはつって炭素繊維プレートを埋め込む補強を施した。ところが、1年もたたないうちに舗装にひび割れが生じてしまった。

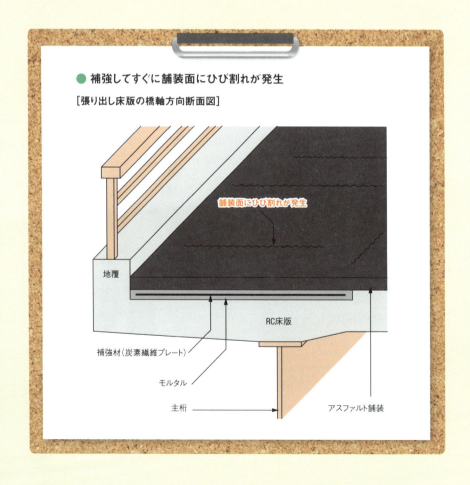

● 補強してすぐに舗装面にひび割れが発生

[張り出し床版の橋軸方向断面図]

車両用防護柵の設置基準は1965年に初めて規定された。86年には日本道路協会が「防護柵設置要綱・資料集」を発刊し、橋梁用の防護柵の設計体系が確立。その後も交通状況の変化や転落事故を踏まえ、設置基準を改訂してきた。

　古い基準に基づいて設計した防護柵を現行基準に適合させようとすると、橋の建設時よりも大きな衝突荷重を作用させて設計することになる。また、防護柵の交換に伴って、柵の基礎となる地覆の幅を600mmに拡幅しなければならない。その分だけ死荷重が増加する。

　さらに、最新の道路橋示方書に準拠して補強を検討すると、鉄筋コンクリートの張り出し床版に作用させなければならない活荷重も大きくなる。

鉄筋に作用する応力が許容値を超える

　張り出し床版の設計に用いる活荷重は、56年の鋼道路橋設計示方書では1等橋で8tf（80kN）、2等橋で5.6tf（56kN）だった。72年の道路橋示方書になると、大型車両の1日当たりの交通量が1000台以上（1方向）ある1等橋の活荷重が9.6tf（96kN）に引き上げられた。現行の示方書ではA活荷重、B活荷重ともに10tf（100kN）と定められている。

　以上のような死荷重、衝突荷重、活荷重の増加を踏まえて計算すると、張り出し床版の上側鉄筋（橋軸直角方向）に作用する応力が設計許容値を超えてしまう場合がある。

　その対応策として、何ら損傷がない既設の床版に上面補強工事を施した結果、舗装や床版をかえって傷めてしまった事例が今回のケースだ。

設計時に橋に作用させる荷重には、様々な種類がある。このうち活荷重は、車両の大型化に伴って大きくなってきた

● **張り出し床版に作用させる活荷重や衝突荷重**

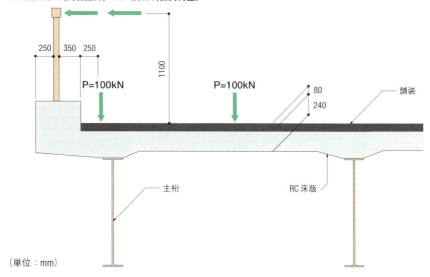

(単位：mm)

いずれの工法にも課題がある

　張り出し床版の補強では、主に次のような工法が採られる。
(1) 床版上面のコンクリートをはつり、新たに必要な鉄筋を既設の鉄筋に添えて補強する
(2) 床版上面のコンクリートを厚さ10mm程度はつったり、溝を付けたりして、炭素繊維などを補強材として埋め込む
(3) 床版上面に鋼板を接着する

　(1) では、既設床版の鉄筋と補強鉄筋の一体化を図るために、十分な定着長を確保しなければならない。このため、外桁を超えた位置まで鉄筋をはつり出して補強鉄筋と結束しなければならず、工事が広範囲にわたる。
　工期が限られるので早強性のコンクリートを用いる場合が多いが、既設コンクリートと性質が異なるので、輪荷重の繰り返しで境界部の舗装にひび割れが生じることがある。

(2)の工法でも、外桁を超えた位置まで補強材を埋め込む。既設コンクリートと性質が異なる材料を使用する影響で、補強材に沿って舗装面にひび割れが発生する場合がある。

舗装面のひび割れは、輪荷重の繰り返し作用で補強材がコンクリートと剥離して起こる可能性もある。この工法を適用した132ページの橋では施工がうまくいかず、補強材が剥離して舗装に変状が現れたようだ。

炭素繊維を用いる補強工法は元々、床版の下面を補強するために開発された経緯があるので、上面の補強に適用する際は注意を要する。

(3)の工法については、鋼板と舗装の付着や床版上面と鋼板の接着に問題があり、舗装の剥がれや鋼板端部のひび割れといった損傷事例が出てきた。そのため、現在は採用されなくなってきている。

補強しない方がいい？

(1)〜(3)のいずれの補強工法を採用しても、床版上面のコンクリートをはつらなければならない。不用意に施工すると、工事を契機に既設のコンクリートが脆弱化し、床版のせん断耐力が低下する恐れがある。

また、補強材と既設コンクリートの一体化は口で言うほど簡単ではない。橋面の防水にも課題がある。防水層が施工してある橋では、いったん撤去して床版の補強後に防水層を再施工する。その際に、既設の防水層と十分に重ね合わせておかないと、新たな雨水の浸入経路になる恐れがある。防水層がない場合は、補強工事と併せて舗装全体を打ち替え、防水層を施工しなければならない。

補強によって得られる効果と、工事の手間や健全な橋を傷めかねないリスクをてんびんに掛けて総合的に判断すれば、「あえて補強しない」ことが、実は最善の選択かもしれない。というのも、RCの張り出し床版は比較的、安全性の高い部位だからだ。

実荷重をもとに要否を考える

張り出し床版の耐荷力が不足すると、外桁上の床版上面や舗装面に、橋軸方向のひび割れが発生すると推測できる。

しかし、こうした損傷は過去にほとんど例がない。鉄筋に実際に作用する応力

が、設計で弾き出す値ほど大きくなく、許容値に対して十分に余裕があるからだと考えられる。

張り出し床版の設計では、地覆の端部から25cm離れた位置に活荷重を載荷する。つまり、地覆から25cm離れた位置を車両が走行すると仮定する。しかし、現実には大型車両はもっと内側を走るはずだ。従って、活荷重によって鉄筋に作用する実際の応力は、設計上の値よりも小さいとみられる。

また、コンクリートの引張抵抗を考慮すれば、鉄筋に作用する応力はさらに小さくなる。RC構造物の設計では、中立軸から引張縁までのコンクリートの引張抵抗を無視し、鉄筋だけに引張応力を負担させるが、実際にはこの範囲のコンクリートも引張応力を負担しているからだ。

このように、設計荷重が増加しても、張り出し床版の耐荷力には十分に余裕があ

● 防護柵の交換などで発生すると「推測」される不具合

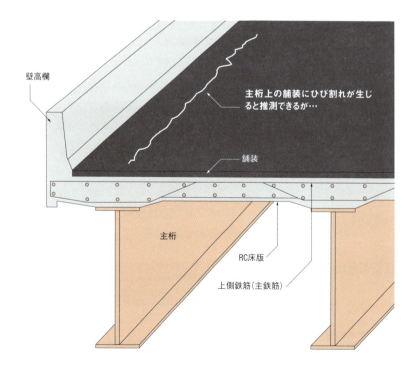

● 鋼箱桁橋の舗装に生じたひび割れ

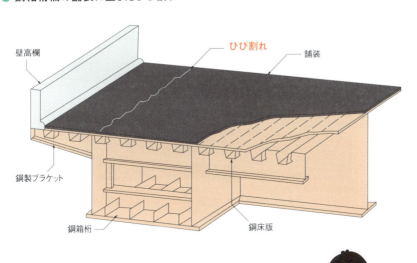

鋼箱桁橋の舗装に生じた橋軸方向のひび割れの例

鋼箱桁橋の鋼床版では舗装にひび割れが生じた事例がある。位置はブラケットの付け根の直上。ブラケットの剛性不足や、設置間隔が広くてたわみが大きいのが原因だ

輪荷重が作用する位置で床版コンクリートが鉄筋を残して抜け落ちた例
(写真:国土交通省国土技術政策総合研究所)

る可能性がある。実際に大型車両を走行させて鉄筋の発生応力を確認すれば、より明確に判断できるだろう。

コンクリートを脆弱化させないことが最重要

　防護柵の交換に伴う衝突荷重や死荷重の増加を考慮し、最新の活荷重を適用して設計すると、確かに計算上は鉄筋量が不足する。既に述べたように、1956年の鋼道路橋設計示方書の活荷重は8tf(80kN)か5.6tf(56kN)だから、現行の示方書で定めた10tf(100kN)よりもかなり小さい場合がある。

　しかし、橋に目立った損傷がないのであれば、慌てる必要はない。防護柵の交換に伴って通行車両の荷重が実際に変化するわけではないのだ。むやみに最新の示方書に対応しようとするのではなく、現実に生じる荷重などを照査して、補強の要否を決定すべきだ。

　一般に、張り出し床版上の路面よりも中間床版上の路面の方が損傷しやすい。大型車両の通行頻度が高いからだ。床版の上面側にある鉄筋の腐食膨張や凍害などの影響で、コンクリートが土砂化して床版が抜け落ちてしまった事例もある。コンクリートが脆弱化し、押し抜きせん断耐力が低下したのが原因のようだ。

　こうしたケースでは、鉄筋の破断には至っていない。RC床版ではコンクリートを脆弱化させないことこそが長寿命化につながると、心にとどめておきたい。

品質確保チェックリスト
床版の上面補強の鉄則

☐ **施工後の早い段階で損傷が生じることもある**
  ・補強方法は複数あるが、既設コンクリートとの一体化が難しい

☐ **防水にも注意が必要**
  ・処理が不十分だと雨水の浸入経路になる

☐ **本当に補強が必要かどうかを検討する**
  ・実際は補強が不要であることも
  ・何ともない橋をかえって傷める恐れがある

補修・補強事件簿(3)　上面補強の誤算

既設床版の骨材の浮きで失敗

宮崎県小林市の国道268号紙屋大橋で2012年、舗装したばかりの新しい路面に相次いでひび割れが発生した。この橋では床版の補強工事を実施しており、それに伴って舗装を敷設し直したところだった。
（日経コンストラクション2013年11月11日号掲載記事を一部加工して転載、肩書きは当時）

　紙屋大橋は1965年に完成した長さ236mの8径間鋼桁橋。劣化した防護柵の取り替えに伴い、床版の補強が必要になった。補強方法は、炭素繊維成形板を床版の上面に張り付けて、引張強度を高めるというもの（143ページの図参照）。既設のコンクリート床版を厚さ1cmほど削り、そこに炭素繊維成形板（幅10cm、長さ177cm、厚さ2mm）と樹脂モルタルによる補強部を形成した。

　最初にひび割れが見つかったのは2012年2月。橋を管理する宮崎県県土整備部道路保全課の金丸尚敏主幹は、「最初は部分的なものだと思っていたが、6月から7月ごろになるとあちこちに出てきて範囲も広くなってきた。単なる舗装の施工不良とは考えにくかった」と語る。

左は補強工事に伴い舗装したばかりの路面に発生したひび割れ。右は補強工事完了後の紙屋大橋。2011年9月〜12年3月の工期で、老朽化した防護柵を取り替えるとともに、床版を補強した（写真・資料：143ページまで宮崎県）

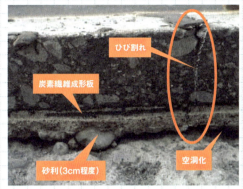 

左は補強工事後の路面の断面。炭素繊維成形板を含む樹脂モルタルの層が、既設コンクリート床版の粗骨材とともに剥離している。右は既設床版に含まれていた大粒径の粗骨材

検討会を設置して原因究明

　舗装だけの問題なのか、補強部が剥がれているのか、床版自体がひび割れているのか──。宮崎県は、原因を究明して補修方法を検討するために13年2月、専門家を加えた補修補強工法検討会を設置した。

　ひび割れた舗装面を剥がして床版などの状態を調べたところ、補強部の下に剥離が生じていることが判明した。といっても、補強部の樹脂モルタルと既設床版との接着が不十分だったわけではない。剥離していたのは、その下の部分だった。

　剥離の原因となっていたのは床版の粗骨材。粒径7cmもの大きな骨材が既設床版に混ざっていた。これらの骨材と床版のモルタル部分との付着力が弱かったために、補強部に骨材が張り付いた状態で、骨材ごと床版から剥がれていた。この剥離が原因となって、上部のアスファルト舗装にひび割れが生じた。

　ひび割れに至ったメカニズムは次のとおりだ。走行する車両の輪荷重によって、床版と補強部との境界付近に水平方向に引張力が発生。床版の粗骨材とモルタル部との間に剥離が生じた。そこに輪荷重が繰り返しかかることで補強部にひび割れが発生。ひび割れがアスファルト舗装に達した。

　宮崎県では、炭素繊維成形板自体に欠陥はなく、補強工事の施工にも不備はなかったと考えている。不具合の原因となったのは、既設の床版だ。床版を切削した時点で粒径の大きな骨材が含まれていることは分かったが、それがモルタル部と剥離しやすいことまでは考えていなかった。

　「現在はJIS工場で粗骨材の粒度分布を管理しているので、こんな大きな骨材が混ざることはあり得ないが、当時はそこまできちんと管理しないことも珍しくなかったのだろう」と、道路保全課の矢野康二課長補佐は言う。

　補修補強工法検討会の会長を務めた中澤隆雄・宮崎大学名誉教授は、「床版を切削する際に、表面を傷めたことも剥離の原因となったようだ」と指摘する。床版を削り取った時に細かなひ

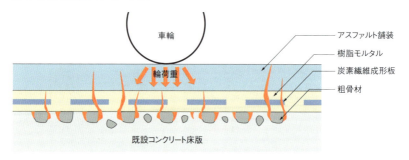

び割れができて、骨材に浮きが生じた可能性が考えられる。

補強工事を別の工法でやり直し

このように補修・補強工事は新設と異なり、既存構造物の品質や傷みも考慮して施工方法を考えないと、思わぬトラブルに見舞われる。

紙屋大橋では結局、補強工事を別の方法でやり直すことになった。アスファルト舗装を剥がし、その下の炭素繊維成形板と樹脂モルタルの層を全て撤去。切削した床版は、ポリマーセメントで修復する。さらに、その上をアスファルトで舗装し直して元の状態に戻す。補強方法として、今度はブラケットを使う方法を採用した。床版の両側の張り出し部分を、下からブラケットで補強する。

もともと、炭素繊維成形板による補強方法を採用したのは、橋の自重を増やさずに済むからだった。上部構造が重くなれば、下部構造の補強も必要になる。しかし結局、ブラケットを取り付けることになったので、上部構造の重量は増えてしまう。道路保全課によると、下部構造を補強しなくて済む、ぎりぎりの重さだという。

● 床版補強工事の施工

(1)コンクリート床版を切削

(2)炭素繊維成形板を敷設

(3)樹脂モルタルを敷設

(4)ケイ砂を散布

カッコの付いた数字は下の図に対応

● 床版上面の補強断面図

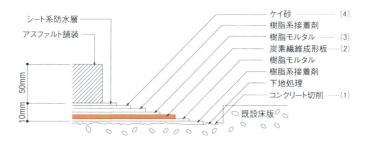

　炭素繊維の補強板や補強シートによる工法には自重を増やさずに済む利点があることから、宮崎県では今後も使用することは排除しない考えだ。その際、同様のトラブルを防ぐために、切削した床版と補強部との間には、粘性度が低くコンクリート内部に染み込みやすいエポキシ樹脂のような接着剤を使用する。コンクリート床版を切削した際に表面が荒れて骨材に浮きが生じても、接着剤を染み込ませることで、剥離を防ぐ効果が期待できるからだ。

MISSION3 \ File.4

電気防食の神話

外部電源方式の電気防食工法を適用したポストテンション方式のPC（プレストレスト・コンクリート）T桁橋で、工事完了から5年後に変状が現れた。コンクリート内部の鋼材の腐食が進行し、主桁の下面に大きなひび割れが生じたのだ。陽極材を固定する充填モルタルには、さび汁が生じたかのような変色が見られ、部分的に剥落している箇所もあった。詳細調査の結果、モルタルの変色は桁端部や外桁に集中していた。

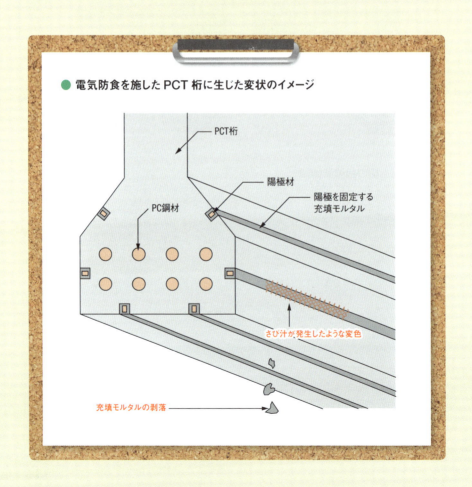

● 電気防食を施したPCT桁に生じた変状のイメージ

電気防食工法の施工箇所に生じた変色

　海岸線に位置するこの橋は、竣工から約30年が経過している。補修前の調査では、主桁の鋼材位置での塩化物イオン濃度は平均3kg/m³、最大8kg/m³と高い値を示した。

　また、PC鋼材が破断していたので、プレストレス量を測定すると、約20％も減少していた。そこで、断面修復や外ケーブルによる補強と併せて、電気防食工法を適用した経緯がある。

　電気防食は、コンクリートの表面などに陽極材を設置し、鋼材との間に10〜

● 電気防食工法の理想と現実

[電気防食工法の概念（外部電源方式）]

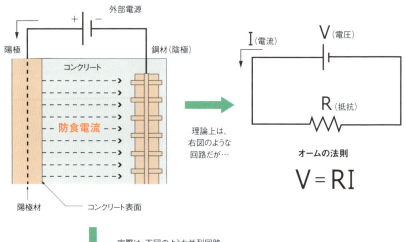

理論上は、右図のような回路だが…

オームの法則

$$V = RI$$

実際は、下図のような並列回路。
部位によって、電流の流れやすさも異なる

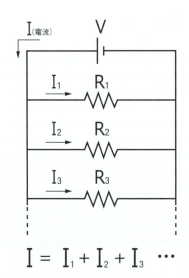

$$I = I_1 + I_2 + I_3 \cdots$$

[コンクリート中の水分が多い部位]

$$I_1 = \frac{V}{R_1}$$

— 抵抗が小さい
— 流れる電流が多い

[コンクリート中の水分が少ない部位]

$$I_2 = \frac{V}{R_2}$$

— 抵抗が大きい
— 流れる電流が少ない

30mA/m^{2}ほどの微弱な電流を流してさびの発生や進行を抑える工法だ（電気防食工法の概要は149ページを参照）。陽極材には様々な種類がある。この橋では、主桁の表面に溝を切削して線状の陽極材を設置し、モルタルで埋め戻す方式を採用した。

腐食自体を抑制できる電気防食を塩害対策の「切り札」として適用したにもかかわらず、変状が現れたのはなぜか。この工法の「理想」と「現実」の間に、答えが潜んでいる。

コンクリートの含水状態が影響

電気防食工法では、コンクリートの表面に陽極を設置し、内部の鋼材を陰極として電気回路を形成する。この電気回路には電流が均一に流れると考えがちだが、現実は異なる。回路中にコンクリートが介在しているからだ。

コンクリートは本来、不均一で電気が流れにくい材料だ。そして、水分が容易に浸透するという特徴がある。従って、含有水分が多い部位と乾燥している部位とでは、電流の流れ方が異なる。左ページの右上のようなシンプルな回路ではなく、実際には下のような並列回路となっているのだ。

水分が多い部位は電流が流れやすいので、雨水が掛かる桁端部や外桁に過剰な電流が流れ、他の部位には電流がほとんど流れないこともある。電流が流れなければ防食効果を期待できず、腐食が進行してしまう。144ページの橋のように、電流が過剰に流れた部位で化学反応が起こり、モルタルが変色することもある。

原理はシンプルだが現実は複雑

対策としては、雨が掛かりやすいなどの条件に応じて回路を分けておく方法がある。ただし、回路を増やすと設備が増えるので、大幅なコストアップにつながる。乾湿の違いによる影響を避けるために、コンクリート表面に撥水剤を塗布して保護することもあるようだ。

電気防食は原理こそシンプルだが、実際は環境条件や構造物の状態に大きく影響を受ける。完璧な工法と過信せず、こうした点を事前に把握したうえで、設計・施工しなければならない。線状陽極材を埋め込む方式だけでなく、他の方式にも共通する注意点だ。

施工後は、通電状況の確認や設備の維持管理が欠かせない。落雷で機器が破損しているのにチェックを怠り、通電が長期間停止していたケースもある。管理の手を抜けば、思い描いたような効果は期待できないことも肝に銘じる必要がある。

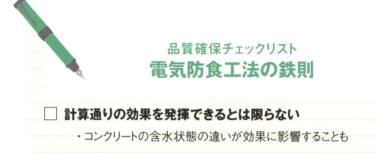

品質確保チェックリスト
電気防食工法の鉄則

☐ **計算通りの効果を発揮できるとは限らない**
・コンクリートの含水状態の違いが効果に影響することも

☐ **施工後のメンテナンスが不可欠**
・電極の劣化、落雷による損傷などで効果が薄れていることも

電気防食工法の基本 | 陽極材には複数の種類がある

　コンクリート内の鋼材が腐食すると、鋼材の表面に電位差が生じ、腐食電流が流れて腐食が進行する。電気防食は、コンクリートの表面などに陽極材を設置し、コンクリート内の鋼材（陰極）に防食電流を流して腐食電流を止める工法だ。電源装置を設置する外部電源方式と、亜鉛などの金属と鋼材との電位差を利用して防食電流を流す流電陽極方式がある。

　陽極材にはいくつかの種類がある。面状陽極方式は、防食対象とするコンクリートの表面全体にチタンメッシュなどの陽極材を設置する。線状陽極方式では、チタングリッドやチタンリボンメッシュなどの陽極材を一定の間隔で設置する。このほか、高純度のチタンをコンクリートの表面にアーク溶射して被膜を作るチタン溶射方式などがある。

● 鉄筋コンクリート構造物の電気防食の仕組み

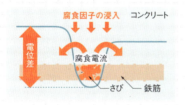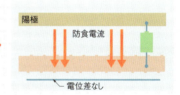

● 電気防食工法のシステム構成の例

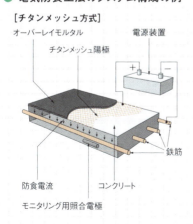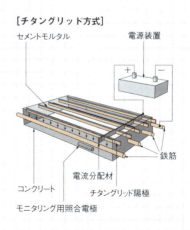

［チタンメッシュ方式］　　　　　　［チタングリッド方式］

MISSION3　File.5
桁端防水の苦悩

ある道路橋を点検した結果、桁端部の腐食や支承の腐食、橋座への滞水といった様々な不具合が見つかった。伸縮装置からの漏水が原因だとみられたので、非排水型の伸縮装置に交換した。ところが、数年後には再び漏水が生じてしまった。伸縮装置を調べてみると、フィンガー部から入り込んだ土砂が止水材の上部に堆積し、止水材が脱落しかかっていることが分かった。早くも止水機能が失われてしまったようだ。

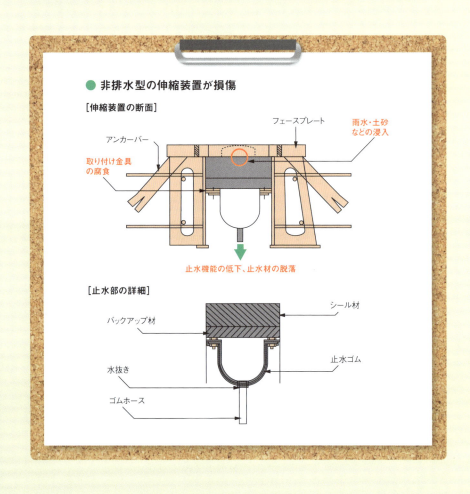

● 非排水型の伸縮装置が損傷

点検で見つかる変状には、伸縮装置からの漏水に関するものが非常に多い。大量の融雪剤や凍結防止剤をまく積雪寒冷地では漏水中に塩化物イオンが含まれており、桁端部や鋼製支承などの損傷の進行が激しい。

　漏水を防止する目的で、非排水型の伸縮装置に交換することが多い。ところが、思った以上に早く、止水機能が損なわれることがある。

　通行車両がもたらす衝撃や経年劣化によって止水材が破損したり、漏水によって取り付け金具が腐食したりして、止水機能は低下する。フィンガー部に土砂や雪が堆積し、通行車両に押し込まれて止水材が脱落するケースもある。国土交通省東北地方整備局東北技術事務所の調査では、平均6年で止水機能が失われたという。

　残念ながら、長期間にわたって止水機能を維持できる伸縮装置は存在しない。日本では、橋梁の桁端部の遊間を桁の温度伸縮などをもとに決めている。それが災いして、非排水型伸縮装置の止水機能が低下しても、遊間が狭くて十分な手当

● **伸縮装置からの漏水による腐食のメカニズム**

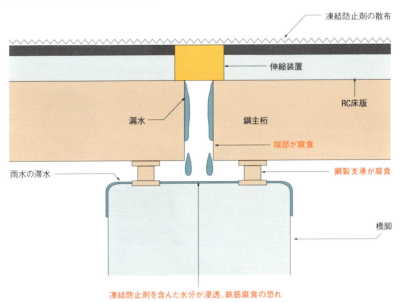

● 漏水対策の例

[対策1：鋼製支承にカバーを設置]

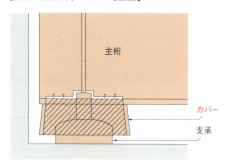

[対策2：橋座面に勾配を付けて滞水を防止]

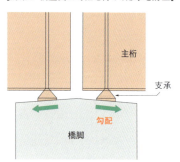

[対策3：排水用の溝を設置]

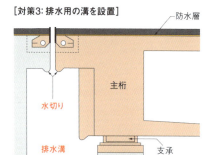

支承付近の滞水状況

伸縮装置からの漏水で起こる損傷には、鋼桁端部の腐食・減肉、鋼製支承の腐食、コンクリート内部の鋼材の腐食などがある。橋の耐荷力の低下につながる損傷もあるので、事態は深刻だ

てができず、補修後に再び止水機能が低下して漏水することもよくある。

これからは桁端部の遊間確保を

完璧な工法がない以上、工夫を凝らして対応するしかない。例えば、次のような対策が採られている。

（1）鋼橋では、桁端部の塗装のグレードを一般部よりも高めておく、（2）鋼製支承にカバーを付けて水が掛からないようにする、（3）橋座面に勾配を付けて滞水を防ぐ。

（3）については、施工できる空間を十分に確保できることが前提となる。橋座面をはつって勾配をつける方法は、コンクリートのかぶり厚さが減少して鉄筋が腐食するリスクが高まるので、望ましくないだろう。

また、欧米では桁端部や伸縮装置、支承の維持管理に配慮し、遊間を大きく取る例が多い。遊間内に水切りや排水溝を設け、伸縮装置から漏水しても橋座上に水がとどまらないように工夫した橋もある（左ページの図）。

遊間が広いと風通しがよく、乾燥状態を保てるので、桁端部や支承の腐食の進行を抑制できる。既設の橋をこのような構造に改造するのは難しいかもしれないが、少なくとも新設橋の長寿命化対策としては非常に有効ではないだろうか。

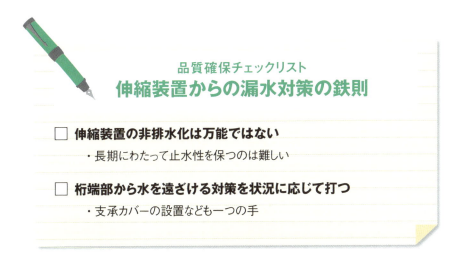

品質確保チェックリスト
伸縮装置からの漏水対策の鉄則

☐ **伸縮装置の非排水化は万能ではない**
・長期にわたって止水性を保つのは難しい

☐ **桁端部から水を遠ざける対策を状況に応じて打つ**
・支承カバーの設置なども一つの手

MISSION3　File.6

塗装剥離の密室

都内の高架橋で、主桁の塗装を塗り替える工事が進んでいた。桁をすっぽりと覆う2層構造の足場は、外気が出入りしない密閉空間。作業員が既存の塗装をケレン作業でかき落とすと、高濃度の粉じんが空間内に立ち込める。集じん機を設置しても、濃度を低く保つことは非常に難しい。体調に異変を感じた作業員が病院で診察を受けたところ、思いがけない診断結果が下された。

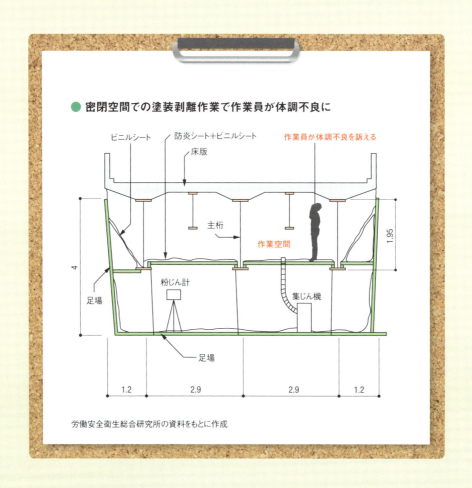

● 密閉空間での塗装剥離作業で作業員が体調不良に

労働安全衛生総合研究所の資料をもとに作成

作業員に示された診断結果は「鉛中毒」だった。既存の塗料に含まれていた鉛がグラインダーによるケレン作業で飛散し、閉め切った足場内に充満。作業員は高濃度の粉じんを吸引して発症したとみられる。

　鉛は呼吸器などから人体に吸収される。微量なら大小便を通じて体外に排泄されるので問題ないが、大量に摂取すると中毒を引き起こす。疲労感や腹痛といった症状が特徴だ。

　鉛中毒の診断は、このような自覚症状と鉛の血中濃度などをもとに下す。旧労働省が出した1971年7月の通達では、血中濃度60μg/dl以上を労働災害の認定基準としている。

　鉛化合物は安価で防錆効果に優れており、明治時代から橋梁のさび止め塗料の

● 鉛中毒の主な症状

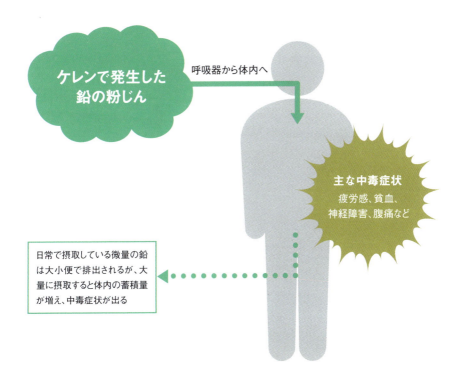

原料として使用されてきた。鉛丹、亜酸化鉛などが代表例だ。塗料の鉛含有率は、多ければ数十パーセントにもなる。

首都高の塗り替え塗装で発災

最近は人体への有害性が問題視され、鉛系さび止め塗料の使用量が減ってきている。2003年には鉛の含有率を0.06％以下に抑えた「鉛・クロムフリーさび止めペイント」がJIS（日本工業規格）に定められた。08年のJIS統廃合では、鉛を大量に含む塗料の多くが廃止された。

それでも、既存の橋の塗料中には多くの鉛が残っている。橋の塗り替え塗装工事が増えれば、健康被害も増加する恐れがある。若い技術者や職人は古い塗料に鉛が大量に含まれていることを知らない可能性があるだけに、注意が必要だ。

今回の事例は、首都高速道路会社が塗装の塗り替え工事をしていた首都高速6号向島線の高架橋で、14年3月に実際に起こった労働災害だ。作業員3人が鉛中毒と診断された。

この橋は、1970年度に開通した鋼鈑桁橋。作業員は、桁高1.95mの主桁から既存の塗料をかき落とすケレン作業を、まさに154ページに示す図のような密閉空間で実施していた。

労働安全衛生総合研究所が、同様の作業を実施している他工区で粉じん中の鉛の濃度を測定したところ、作業員の暴露濃度（被験者が呼吸する空気中に含まれている有害物質の割合）は1.8～70mg/m^3に達した。労働安全

鉛中毒の症状には個人差がある。EDTA（エチレンジアミン四酢酸）のカルシウム塩を静脈注射する治療方法などがあるそうだ

衛生法に基づく鉛の作業環境評価基準は 0.05mg/m^3 だから、その36〜1400倍に当たる高い値だ。

このような「密室」で剥離作業を実施したのには理由がある。鉛と同様、既存の塗装に含まれるPCB（ポリ塩化ビフェニル）への対応だ。

PCBは72年までに製造された塩化ゴム系塗料に含まれる有害物質。環境中で分解されにくく、人体に蓄積されると皮膚や内臓に障害を引き起こす。68年のカネミ油症事件をきっかけに注目を浴び、72年に生産中止となった。

塗り替えが済んだ作業空間（上層）の様子（写真：下も労働安全衛生総合研究所）

作業空間（下層）の様子。上層に比べると余裕がある。はしごを使って上層に出入りする

● 塗料に鉛を使用した橋は多い

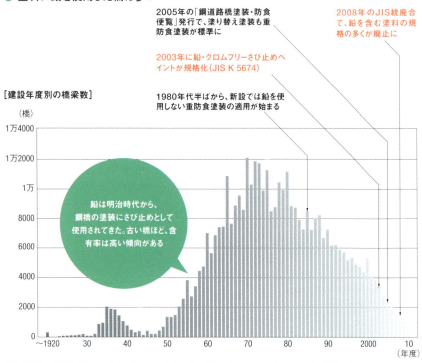

[建設年度別の橋梁数]

国土交通省の資料などをもとに作成。グラフには鋼橋以外の橋梁も含む。建設年度が分からない橋梁は除く

　首都高は2013年7月、塗り替え塗装を予定している橋の塗膜を調査し、PCBの含有濃度を公表。剥離作業によって住宅やオフィスが建ち並ぶ周辺地域にPCBが飛散するのを防ぐために、足場内を密閉する対策を講じた。ところが、この配慮が裏目に出てしまった。

マニュアルで受注者に周知

　首都高は、同種の工事を一時中止。受注者に「鉛中毒予防規則」の順守を周知し、14年10月には日本橋梁・鋼構造物塗装技術協会と共同で、塗装の塗り替えに関する設計・施工マニュアルを作成した。

　マニュアルには、電動ファン付き防じんマスクの着用など、作業者の安全確保策

厚生労働省が首都高での鉛中毒の発生を受けて、都道府県の労働局や建設関連の団体宛てに通知した文書
（資料：厚生労働省）

● 通知の概要

1. 発注者は受注者に情報を提供し、必要経費などに配慮する
発注者は、塗料中の鉛やクロムといった有害な化学物質の有無について、把握している情報を施工者に伝える。塗料中の有害物質の調査や暴露防止対策に関する必要経費などについて、配慮する

2. 受注者は発注者に塗料の成分などを確認する
労働安全衛生法などの関係法令に基づく対策の要否を確認するために、受注者は発注者に問い合わせるなどして塗料の成分を把握する

3. 予防規則などに従って作業を実施する
塗料中に鉛などが含まれていることが分かった場合、施工者は鉛中毒予防規則などに従って、湿式による作業、作業主任者の選任と適切な作業指揮、有効な保護具の着用などを実施する

4. 隔離・閉鎖された区域での作業時は以下のような対策を講じる
(1) 剥離作業は必ず湿潤化して行う。湿潤化が著しく困難な場合は、湿潤化した場合と同程度の粉じん濃度に抑える対策を講じて作業を実施する
(2) 作業場には除じん機能を持つ集じん排気装置を設置し、装置の排気口は外部に設ける。作業場の空間に対して十分な排気量を持つ装置を用いる
(3) 粉じんを作業場から持ち出さないように洗身や作業衣の洗浄などを徹底する
(4) 作業場への関係者以外の立ち入りを禁じ、区域内で作業や監視を行う労働者には、電動ファン付き呼吸用保護具か、これと同等以上の性能を有する空気呼吸器、酸素呼吸器、もしくは送気マスクを着用させる。電動ファン付き呼吸用保護具については、フィルターを適切な頻度で交換するなどして管理する
(5) 呼吸用保護具は、作業場から離れるたびに付着した粉じんを十分に拭い、汚染されていない場所に保管する
(6) 作業場の粉じんを運搬・貯蔵するときは、発散する恐れがない堅固な容器を使用したり、確実な包装をしたりする。保管については、一定の場所を定めておく

5. 健康診断などの実施
作業に従事する労働者に鉛健康診断を実施する。中毒症状を訴える者には、速やかに医師の診断を受けさせる。鉛中毒にかかった者、診断で作業に従事するのが適当でないと認められた者に、適切な措置を講じる

のほか、有害物質の処理方針や周辺環境の汚染防止策を盛り込んだ。仕様書の一部として受注者に渡している。同社保全・交通部点検・保全計画課の今村幸一課長は「鉛中毒予防規則には具体策までは示されていない。そこで、石綿障害予防規則を参考にした」と説明する。

一方、厚生労働省は首都高での鉛中毒の発生を受けて、14年5月30日に「鉛等有害物を含有する塗料の剥離やかき落とし作業における労働者の健康障害防止について」と題する通知を出した。

工事の発注者に対しては、塗料中の有害物質に関する情報を施工者に伝え、調査・対策の経費などに配慮することを求めた。受注者には、発注者に塗料の成分などを問い合わせ、適切な対策を講じるよう促した。

厚労省の通知では、鉛中毒予防規則に従って「湿式」で作業することも、工事の受注者に求めた。湿式とは、グラインダーやオープンブラストなどの乾式工法に対し、水を含んだ研磨剤を用いて粉じんの発生を抑える工法などを指す。塗装面に剥離剤を塗って塗膜を浮かせ、へらで除去する工法も湿式の一つだ。

首都高は剥離剤を採用

首都高では当面、剥離作業に剥離剤を用いることにした。ただ、粉じんの発生を大幅に抑えられる半面、課題もある。乾式工法と比べてコストが数倍になるほか、工程が増すので、工期も長くなる。冬季は剥離性能が落ちてしまうのも難点だ。同様の環

昔の職人や技術者は塗料に鉛が含まれていることを知っていたが、若手はどうだろう。首都高で起こった労働災害は、多くの受発注者にとって「寝耳に水」だったのでは

境で塗り替え塗装工事を予定している道路管理者などにとって、湿式への対応は悩ましい問題だ。

　土木研究所在籍時から40年近く橋の塗装に携わってきた合同会社管理技術の片脇清士代表は、塗装工事に関する技術や仕組み自体を変えていく必要があると指摘する。「日本よりも先に塗装中の鉛による健康被害が問題となった米国では、鉛対策を講じた新たなブラスト工法の開発や、保護具の改善などを官民が協力して推し進めた。鉛を含む塗装を安全に除去し、管理できる施工者を認証する制度もある」（片脇代表）。

事故防止チェックリスト
塗装の塗り替え工事の鉄則

☐ **古い塗料には鉛などが含まれていることを知っておく**
  ・受発注者ともに鉛の有無について確認したうえで工事に臨む
  ・鉛のほかに、PCBやクロムも含まれていることがある

☐ **密閉空間での作業は特に注意が必要**
  ・ケレンで粉じん濃度が上がり、健康被害が生じる恐れがある
  ・鉛中毒予防規則を順守して装備や作業環境を整える
  ・厚労省の通知では湿式工法（剥離剤など）の採用を求めている

補修・補強事件簿（4）　「メンテナンスフリー」の落とし穴

水跳ねで耐候性鋼材が腐食

建設から10年で有害なさびが現れたのが、岐阜県下呂市の飛騨川に架かる国道41号不動橋だ。2005年と10年に定期点検を実施し、2回目の点検で有害なさびの発生が判明した。

（日経コンストラクション2013年11月11日号掲載記事を一部加工して転載、肩書きは当時）

　保護性のさびを表面に形成させることで、さびが内部に進行するのを防ぐ耐候性鋼材。塗装が不要で維持管理コストを削減できることから、1980年代以降、鋼橋に採用するケースが増えてきた。日本橋梁建設協会によると、近年では重量ベースで鋼橋全体の4分の1を占めているという。

　ただし、塗装を塗り替える必要がないからといって、「メンテナンスフリー」で使い続けられるわけではない。湿潤な状態が続く箇所では、耐候性鋼材であっても進行性のさびに侵されることがあるのだ。

ニールセンアーチ橋の不動橋。耐候性鋼材の補剛桁が床版の脇に露出している。橋長は182m、幅員は14mある（写真：日経コンストラクション）

左は補剛桁の下面周辺に発生したうろこ状のさび。右は下横構に生じた層状剥離さび。耐候性鋼材を使ったものの、湿潤環境に置かれた部材には有害なさびが生じた（写真・資料：164ページまで国土交通省高山国道事務所）

完成から10年後の点検で発見

　建設から10年で有害なさびが現れ、補修工事を余儀なくされたのが、岐阜県下呂市の飛騨川に架かる国道41号不動橋。2010年の点検で有害なさびが見つかった。

　これを受け、不動橋を管理する国土交通省中部地方整備局高山国道事務所は、さびた箇所を塗装するなどの補修工事を12年9月に発注した。しかし、施工者が足場を組んで、さびの状況を詳しく調べたところ、思った以上に有害なさびが広がっていることが明らかになった。

　高山国道事務所は同年12月に補修工事を一旦中断。翌年1月に有識者を交えた施工検討委員会を組織し、さびの原因究明と補修方法の検討を始めた。「耐候性橋梁を補修した事例は全国でも少なく、補修方法が確立していない。補修方法を間違えると、さらにひどい状態にもなりかねないので、専門家に意見を聞き、適切な対処方法を検討することにした」（高山国道事務所の小幡敏幸副所長）。

　調査の結果、有害なさびの発生原因がいくつも判明したが、なかでも盲点となっていたのが車道からの水跳ねだった。特に、冬季に散布された凍結防止剤が鋼材に掛かり、さびの発生が促進されていた。

　鋼製の桁が床版の下に位置するような橋ならば、車が跳ね上げた水が掛かることはない。しかし、不動橋では鋼製の補剛桁が車道の両脇に平行に配置されている。路面からの水跳ねが掛かりやすい構造だった。

　「2本の橋が並列する場合、隣の橋からの水跳ねがあるので耐候性を使ってはいけない、といった指針はある。しかし、単独橋で、その橋を走行する車からの水跳ねはノーマークだった」。施工検討委員会の委員長を務めた岐阜大学総合情報メディアセンターの村上茂之准教授はこう話す。

　有害なさびが発生したのは、主に飛騨川の上流側の桁。一方、下流側ではほとんど問題は生じていない。下流側には歩道があるので、車道からの跳ね水が歩道の外側の補剛桁まで届かなかったものとみられる。

● さびの発生箇所と原因

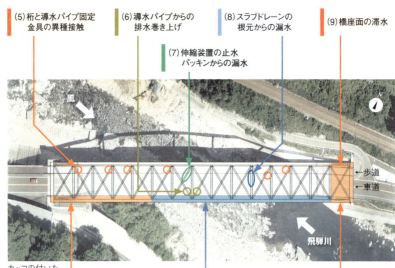

- (5) 桁と導水パイプ固定金具の異種接触
- (6) 導水パイプからの排水巻き上げ
- (7) 伸縮装置の止水パッキンからの漏水
- (8) スラブドレーンの根元からの漏水
- (9) 橋座面の滞水
- (4) 雨水などの滞水
  - 地面からの湿気がある　・空気がこもる　・日が当たらない
- (2) 山に近接していることで生じる雨水や雪解け水による湿潤環境
  - 路面から跳ねた水が直接掛かる
  - 風の通りが悪く、山からの空気がこもる
  - 日が当たらない
- (3) 地盤に近接していることで生じる湿潤環境
  - 路面から跳ねた水が直接掛かる
  - 風の通りが悪く、山からの空気がこもる
  - 日が当たらない

カッコの付いた数字は下の表に対応

● 耐候性鋼材のさびの原因と対策

		さびの原因	対策
橋の構造	(1)	路面から跳ねた水が掛かりやすい構造	・水跳ね防止板を設置
地形環境	(2)	山に近接していることで生じる雨水や雪解け水による湿潤環境	・ブラスト処理のうえ塗装
	(3)	地盤に近接していることで生じる湿潤環境	・ブラスト処理のうえ塗装
	(4)	雨水などの滞水	・ブラスト処理のうえ耐候性鋼用表面処理
排水施設の配慮不足	(5)	桁と導水パイプ固定金具の異種接触	・桁と固定金具をゴムで絶縁
	(6)	導水パイプからの排水巻き上げ	・導水パイプを延長
	(7)	伸縮装置の止水パッキンからの漏水	・伸縮装置を取り替え
	(8)	スラブドレーンの根元からの漏水	・スラブドレーンを穴埋め
	(9)	橋座面の滞水	・コンクリートで橋座面に勾配確保 ・伸縮装置に排水用の導水パイプを設置 ・補剛桁に雨水浸透防止措置 ・補剛桁の水抜き穴に導水パイプを設置

上流側の高欄には、車道からの跳ね水が補剛桁に掛からないよう、ポリカーボネート製の水跳ね防止板を設置した（写真：日経コンストラクション）

風通しの悪い箇所のさびがひどい

　地形的な環境も、さびの発生に影響した。現地では下流側から風が吹きやすく、下流側に有害なさびが発生しなかったのは、風で乾燥しやすかったことも一因と考えられる。逆に、山に近接していて風通しが悪い箇所では、特にさびがひどかった。

　設計上の配慮不足で、さびが発生した箇所も数多く発見された。例えば、桁と導水パイプ固定金具との接触部分。イオン化傾向が異なる金属同士の接触部分に水が付くことで、腐食が促進されていた。導水パイプからの排水が風で巻き上げられ、鋼材を腐食させている箇所もあった。パイプを長くして排水が鋼材に掛からないように配慮していれば、問題は生じなかったはずだ。橋座面に水がたまりやすい構造になっていたことも、その付近の腐食を促進した。

　耐候性の橋の場合、一旦保護性のさびが形成されれば腐食に対する耐久性は高いが、新設時点ではまだ鋼材がむき出しの状態になっている。保護性のさびが安定するには5年以上かかるので、その間は特に有害なさびが生じないように注意が必要だ。

　不動橋では完成から5年後に初回の定期点検を実施していたが、その時には有害なさびとは判別できなかった。既にさびで覆われていたものの、保護性のさびなのか有害なものなのか、その時点で判定するのは難しかった。

　有害なさびが発生したことは想定外だったが、10年後の点検で発見したことで、大きな問題になる前に対策を取ることができた。構造的な試験を実施した結果、強度には問題ないことが確認されている。

MISSION3　エピローグ

「事実」と向き合う覚悟を

本章の最後に、維持・補修の実務に詳しい松村技術士事務所の松村英樹代表と、樋野企画の樋野勝巳代表とともに、補修や補強の設計・施工のあるべき姿を考える。

　補修や補強は、新設とはアプローチが異なる——。維持・補修の現場に精通した専門家は、しばしばこのように語る。

　橋をどこに、どのような構造形式で架けるかを「仮定」に基づいて設計・施工する新設に対して、既設橋の補修や補強では、個別の橋の品質や状態、置かれた環境条件などの「事実」に基づいて対策を講じなければならないからだ。

　事前の点検と診断だけで、既設の橋に隠された「事実」を漏れなく解明できると

● 新設と補修の考え方の違い

新設＝仮定に基づき設計・施工

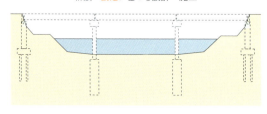

補修＝事実に基づき設計・施工

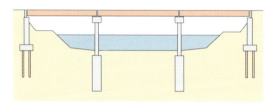

樋野 勝巳 氏

1977年九州工業大学卒業後、ショーボンド建設で構造物の維持管理全般に従事。2014年より樋野企画代表。橋梁調査会橋梁診断室技術アドバイザー。技術士(総合技術監理、建設)

「どんな施工条件であっても必ず80点を取ることが大事だ」

(写真:168ページも日経コンストラクション)

は限らない。工事が動き出し、いざコンクリートをはつってみると、損傷が思った以上に進行していることはままある。現場の条件に左右され、想定していた精度で施工できない場合もある。

補修・補強工事の現場に詳しい樋野企画の樋野勝巳代表は、次のように指摘する。「『理論上は100点を取れるはずだ』と過信するのではなく、『どんな状況であっても必ず80点を取る』といった考え方に基づいて工法を選定しておくべきだ」。

橋の利用状況に応じた対策を

同じ既設の道路橋であっても、高速道路や直轄国道のように経済・社会活動を担う重要路線の橋と、市町村が管理する小規模な橋では、考え方を切り替えて維持管理に取り組む必要がある。

高速道路や直轄国道の橋は、点検・診断で判明した健全性に基づいて高度な管理をしなければならない。一方、予算や人手が限られる自治体では、健全性だけでなく「重要度」を踏まえて橋を管理せざるを得ない。1日の交通量が数台という橋も存在するからだ。

多くの道路橋の補修・補強設計に携わってきた松村技術士事務所の松村英樹代表は、「自治体が管理する橋梁は、必ずしも高速道路や国道と同じようなスペックで

松村 英樹 氏

1976年日本大学大学院理工学研究科修了。松村技術士事務所代表。橋梁調査会橋梁診断室技術アドバイザー。技術士（総合技術監理、建設）、土木学会フェロー 特別上級土木技術者［メンテナンス］

「橋の特性や交通量を踏まえて柔軟に対策を選ぶべきだ」

補強しなくてもいい」と語る。「個別の橋の構造特性や交通量などを踏まえ、安全性を担保できる範囲で、柔軟に補修・補強の規模や工法を選ぶべきではないか」（松村代表）。

132ページに示した張り出し床版の補強は、その一例だ。供用から長い年月がたっていても損傷がみられない鉄筋コンクリート構造物の安全性は高く、実際に生じる荷重に対して余力がある場合が多い。「補強をしても、それに見合った効果が得られないこともある」（松村代表）。

「とにかく示方書に準拠しておけば問題ないだろう」といった考え方で、現実には必要ない過大な補強を施すことは、予算の浪費にほかならない。「仮定の計算に基づいて補強を行い、かえって新しい変状を誘発するようでは元も子もない」（樋野代表）。

もちろん、「補強が不要だ」と決断するのはそう簡単なことではない。交通量の調査や載荷試験などを実施し、データをもとに根拠を説明できなくてはならないだろう。

マニュアル通りではなく、その橋に最適な対策を講じるには、事実を受け入れて検証する謙虚な姿勢と、客観的な証拠に基づいて判断を下せる真の技術力が求められるのだ。

自治体が参考にできる資料がない

　高速道路会社や国ですら、試行錯誤しながら取り組んできた補修や補強に、今後は小規模な自治体が挑まなければならない。全国に約70万橋ある橋長2m以上の道路橋の約7割を、市町村が管理しているのだ。

　ところが、自治体がよりどころにできる基準や資料すら不足しているのが実情だ。日本道路協会の「道路橋補修便覧」は1979年に発行されてから、改訂されていない。

　真に必要な対策を、適切な時期と方法で進めるには、過去に判明した様々な橋の損傷、補修・補強の成功事例や失敗事例などを共有し、次の工事に生かすことが欠かせない。本章で紹介した事例を参考に、補修や補強のあるべき姿を自ら考えてみてほしい。

NEXT MISSION　クイズで勘所をつかめ ▶ ▶ ▶

MISSION 4

クイズで勘所をつかめ

INDEX

[プロローグ]	維持管理って面白い!? ······ p172	[Question3]	30年持つはずの塗装 1年でさびが出た理由は? ······ p190
[Question1]	築15年の橋の桁端部 遊間異常の原因は? ········ p174	[Question4]	主桁が10年で再劣化 原因と対策は? ············ p196
[Question2]	腐食が軽微な支承 交換は必要か? ············ p180	[Question5]	ASRのひび割れ 亀甲状でない理由は? ········ p208

MISSION4　プロローグ

維持管理って面白い!?

老朽橋探偵社に響く、自信に満ちたK助手の声。どうやら、自治体から寄せられた相談に対応しているようだ。「K君もたくましくなってきたな」。老朽橋探偵は目を細めて、その様子を見守っていた。

K助手────（電話に応対する声）「お話を伺った限りでは、支承の機能不全が原因のように思われます。ともかく、点検結果をメールで送って頂けますか。…ええ、場合によってはすぐに対応しなければならないかもしれませんから、早急にお願いします」。

老朽橋探偵────K君、どんな相談だい？

K助手────先生、聞いていらしたのですか。F町が管理している古い鋼鈑桁橋の桁端部に疲労亀裂が見つかったのですが、いつ、どのような対策を講じればいいのか分からないというお電話でした。

老朽橋探偵────そうか。確かF町周辺には鋼橋に詳しい建設コンサルタント会社がないから、相談できずに困っていたのだろう。資料が届いたら、私にも回してくれ。
　それにしても、K君はすっかりたくましくなってきたね。見違えるようだ。

K助手────とんでもない、まだまだですよ。

老朽橋探偵────そんな事はないさ。今の落ち着いた応対だって、大したものだ。少し前まで、「補修工事ってそんなに難しいんですか？」なんて

言っていたのに。

K助手 ── いろんな橋の損傷や、工事現場を見ているうちに、維持・補修の難しさが分かってきました。それにつれて、だんだんとこの仕事が面白く感じるようになりました。橋梁形式、竣工年、置かれた環境、使用状況、一つとして同じ橋がない以上、対策も千差万別です。これほど技術者の実力が試される分野は他にありません。

老朽橋探偵 ── そのとおりだ。君のような若者が、維持管理の面白さに気づいてくれてとてもうれしいよ。

K助手 ── 早く一人前になれるように、一層努力します。

老朽橋探偵 ── よし、君の向上心を満足させるためにも、これからはもっとビシバシと鍛えてやるぞ。ドサッ！（書類の山を机に置く音）

K助手 ── えっ？

老朽橋探偵 ── さあ、私からのプレゼントだ。実務に役立ちそうな事例をクイズ形式でまとめておいた。明日までに解いておきなさい（ニヤリ）。

K助手 ── は、はい（しまった！調子に乗りすぎた～）。

桁端部の異状

築15年の橋の桁端部 遊間異常の原因は？

Question 1

[問題]

　完成から15年が経過した橋長30mの鋼単純鈑桁橋を夏季に定期点検したところ、可動側のRC（鉄筋コンクリート）橋台でパラペットと桁端部が接触している様子を確認した。

　また、その位置の鋼製伸縮装置と鋼製の可動支承にも遊間がない状態だった。さらに、橋台前面の護岸ブロックがはらみ出していた。

　この橋梁では、5年前の点検でも遊間が狭くなっていると指摘されている。過去の補修履歴を調べてみると、橋台背面の舗装が沈下したために、補修されていたことも分かった。

　橋台は高さ8mの逆T式で、軟弱な粘性土地盤上に設置されており、基礎の形式は杭基礎（鋼管杭）である。背面は橋台の完成後に取り付け道路と併せて盛り土されている。なお、完成から現在に至るまで、付近で大きな地震は発生していない。

　このような遊間異常が発生した原因と対応策について、上記の情報をもとに検討してみてほしい。

（解答は176ページ）

この鋼鈑桁橋では、主桁の上下がパラペットと接触している。現段階では主桁に変形は見られない。鋼製の可動支承は伸縮装置からの漏水で腐食しており、主桁が伸びる方向の遊間がない状態だ。腐食によって、支承の移動・回転機能が低下している可能性もある

可動側の伸縮装置は鋼製のフィンガージョイントで、夏季の点検で桁が伸びて遊間がない状態だった。また、路面には若干の段差もある。今後、桁が伸びてフィンガー部が盛り上がり、段差が大きくなると車両通行の妨げとなる可能性がある

Answer
背面盛り土に押されて橋台が側方移動した

　遊間異常の原因は、「橋台の移動や傾斜」と「橋台・支承位置の施工ミス」の二つに大別できる。施工ミスであれば、完成から15年が経過した時点で異状が見つかるとは考えにくい。従って、橋台が橋軸方向に移動・傾斜し、遊間異常が発生したとみられる。

　原因としては、地震のほか、背面盛り土の偏載荷重による側方移動が考えられる。橋台が傾斜するような大地震が発生していないことを踏まえると、側方移動によって遊間異常が発生したと考えるのが妥当だ。

橋台の側方移動とは、軟弱地盤上に設けた橋台が、背面の盛り土による偏載荷重の影響で橋軸方向に移動・傾斜する現象である。

　背面盛り土の沈下や前面ブロックのはらみ出しは、橋台の側方移動によって発生する典型的な現象だ。供用してからある程度の時間が経過して生じる側方移動は、上載荷重の増加による軟弱層の側方流動や、圧密未了層における圧密沈下の進行が要因だと考えられる。

　ある程度の時間がたてば側方移動が収束する場合と、時間がたってもなかなか収束しない場合がある。その様子を観察するには、橋台周辺の地盤の高さの変化を細かく測量するといった方法があるものの、移動が完全に収束したかどうかを判断するのは非常に難しいのが実情だ。

パラペットの打ち直しや桁の切断

　本橋の場合、気温が高く、桁が最も伸びる夏季に遊間異常を確認した。桁が縮む冬季には多少の遊間ができることもあり得る。この場合、経過を観察したり、対策を練ったりする時間的な余裕がある。

　逆に、冬季においても桁とパラペットが接触しているようであれば、主桁が座屈して変形する恐れがあるので、緊急に対策を講じる必要が出てくる。日本では4月に発注手続きを進め、5、6月から点検をスタートするのが一般的で、夏季の状態だけを見ることが多い。しかし、冬季の状態もなるべく確認してほしい。

　対策としては、夏季であっても遊間を確保し、桁が変形しないように、パラペットを背面側に打ち直して遊間を確保する方法や、桁端を切断する方法などがある。その際、支承と伸縮装置の交換や、端部の床版の打ち替えといった対策も併せて実施することになる。

　ただし、工事には長期間の交通規制が必要となる場合があるので、すぐに着手できないことも考えられる。そのような状況においては、桁に軸力が発生しても座屈しないよう、中間横桁を増設して座屈長を短くしておく対策が有効だろう。

抜本策は盛り土の置換や地盤改良

　橋台の移動・傾斜を抑制する抜本的な対策としては、背面盛り土をEPS（発砲スチロール）などの軽量盛り土材に置き換えて、偏載荷重を軽減する工法がある。長

● 橋台の側方移動のメカニズム

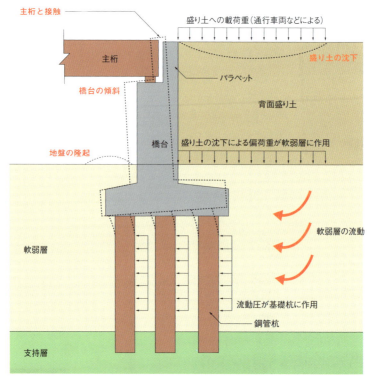

橋台の側方移動では、図のように橋台が前面に傾斜する場合や背面に傾斜するケース、橋台全体が前面に平行移動するケースがある。このような移動や傾斜は、橋台背面の盛り土高さ、橋台の高さ、軟弱層の厚さなどが複雑に関係し合って発生すると考えられる。現象としては、橋台のパラペットと主桁の接触や伸縮装置の遊間異常以外に、橋台前面の地盤の隆起、背面盛り土の沈下などがみられることがある

期間の交通規制を伴う大規模な工事となるが、長い期間が経過しても側方移動が収束していないようであれば、採用を検討することになる。

また、橋台前面に盛り土をして、背面盛り土の高さを相対的に小さくし、偏載荷重を低減する「押さえ盛り土工法」もあるが、前面が河川のような状況では採用できない。

傾斜した橋台を正常な位置に戻したければ、造り直す以外にない。まれだが、造り直した事例もある。この場合、軟弱層を地盤改良する。橋台の再構築後は、改良

別の鋼鈑桁橋で生じた主桁とパラペットの遊間異常の例。上側に比べて下側の遊間が狭い。鋼製支承は夏季の点検で縮む方向に遊間がない状況だった。橋台が背面に傾斜したと考えられる。冬季には拘束されて支承が破損したり、主桁が変形したりする懸念がある

PC（プレストレスト・コンクリート）プレテンションホロー桁橋の可動側の橋台で生じた遊間異常の例。上側は遊間が確保されているが、下側は接触している。上の事例と同様に、橋台が背面に傾斜したと考えられる。主桁やパラペットにはひび割れは見られない。夏季の点検で発見した。支承の移動機能が正常であれば、冬季には遊間ができると推測される

した地盤で偏載荷重による側方移動を抑制する。

　ちなみに、コンクリート桁で同様の原因による遊間異常が見つかった場合はどうか。鋼桁に比べると軸力に対する耐荷力が大きいので、座屈する可能性は低いと考えられる。

　また、側方移動によって桁とパラペットが接触してからは、桁がストラット（支柱）のような役割をして進行を抑えると考えられるので、対策を講じる必要がない場合もある。

支承の交換

腐食が軽微な支承 交換は必要か？

Question2

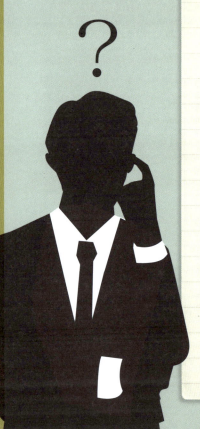

[問題]

　最近、道路橋の点検で鋼製支承の腐食が多く見受けられる。特に、冬季に融雪剤を大量散布する寒冷地域で増加傾向にある。融雪剤には腐食を促す塩化物イオンが含まれているからだ。1990年にスパイクタイヤが禁止されてから、融雪剤の散布量は年々増加。寒冷地では禁止前の2倍程度に増えたというデータもある。

　支承は上部構造の伸縮や回転を吸収し、荷重を下部構造に伝える重要部材であるだけに、損傷状況の把握が欠かせない。腐食した支承の中には、移動・回転機能が低下しているものもあり、注意が必要だ。機能回復が難しい場合は交換しなければならない。今回は、交換時の留意点について出題する。

　右ページの図は2径間連続桁橋だ。両橋台上の支承については腐食して機能が低下していると分かり、全て交換することに決めた。一方、橋脚上の支承は腐食が軽微で、機能も低下していない。このとき、橋脚上の支承を併せて交換すべきか否か、理由も含めて考えてみてほしい。

（解答は182ページ）

腐食した橋台上の線支承(可動)の例。移動機能が低下している恐れがある。沓座には土砂が堆積し、主桁や横桁の下フランジも腐食している

● 支承の腐食状況に差がある2径間連続桁橋

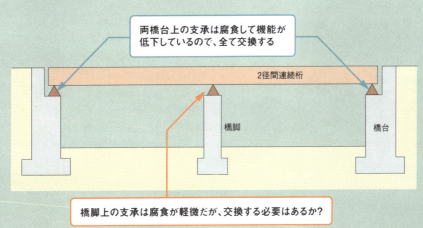

Answer
同一径間内の支承は全交換が望ましい

　支承の交換には手間もお金も掛かるので、腐食が軽微なら交換せずに済ませる方がいいと考えがちだ。しかし、答えは逆。橋台上の支承と併せて交換すべきだ。
　交換した支承と既設の支承の移動・回転機能（摩擦係数など）が異なると、主桁に二次的な応力が発生して変形する恐れがあるからだ。同一径間内の支承は、全て交換するのが最善の選択と言える。

左ページに示した技術面での理由以外にも、同一径間内の支承を全て交換すべきだという根拠がある。

　仮に、比較的健全な状態だった橋脚上の支承の交換を見送り、両橋台上の支承のみ交換したとする。その場合、「補修が完了して健全な状態に回復した」と判断され、後に橋脚上の支承の腐食が進行したとしても、交換に必要な予算の確保が難しくなることがある。道路管理者からよく聞く話だ。

　予算化を判断する財政当局からすれば、「健全な状態に回復したばかりなのに、なぜまた補修が必要なのか。他にも補修を要する橋は多い」と考えるだろう。よほど明確な理由がない限り、予算が付かないようだ。

　また、新たに補修工事を発注すると、同時に発注するよりもお金が掛かる可能性が高い。橋脚上の支承も経年劣化して、いずれは交換時期を迎えるのだから、併せて交換しておくのがベストの選択ではないだろうか。

移動・回転機能の確認方法

　さて、以降は支承の腐食に関して詳しく見ていこう。そもそも、支承の機能低下は橋にどんな影響を及ぼすのだろうか。

　支承の回転機能が低下すると、活荷重による主桁の回転が拘束される。この影響で、断面急変部である主桁下フランジとソールプレートとの溶接部に応力集中が生じ、下フランジに疲労亀裂が生じることがある。

　特に、主桁の下フランジが腐食で減肉している場合に疲労亀裂が発生しやすい。支承の周囲に土砂が堆積していると亀裂の有無を見落とす恐れがあるので、土砂を撤去して点検しなければならない。

　移動機能が低下すると、沓座のモルタルが水平力を負担し、破損することがある。逆に沓座モルタルが破損した支承は、移動機能が低下していると判断できる場合がある。

　鋼製支承の機能を確認するには、支承の種類や機能に応じた方法を選ぶ。例えば、ピンローラー支承の移動機能を確認するには、支承と橋座端部の距離を夏季と冬季に測定する。支承板支承なら、サイドブロックと下沓などの部品間の移動の痕跡（さびの状況）などでも判断できる。

　鋼製支承の回転機能は、車両通過時の回転を見れば、比較的短時間で確認でき

支承の周囲に土砂が堆積していると、疲労亀裂の発生が懸念される主桁の下フランジの状況を確認できない。土砂を撤去して点検する必要がある

移動機能が低下したとみられる線支承(可動)。沓座のモルタルが水平力を負担することになり、モルタルの一部が破損したと推測できる

る。支承の橋軸方向前後に変位計を設置し、主桁の鉛直方向の変位を測定すればよい。なお、回転機能が低下した可動支承では、移動機能も低下している場合が多いので注意を要する。

支承交換時の留意点は?

腐食や機能低下の程度に応じて、採るべき対策は異なる。

移動・回転機能は低下していなくても、腐食した支承には塗り替え塗装が必要

鋼製支承だが、腐食によって種類が判断できない状況にある。上部構造は鋼鈑桁橋で、主桁の下フランジが腐食している。沓座面には土砂が堆積している。移動・回転機能が低下している可能性が高い

線支承が腐食して回転機能が低下し、活荷重による主桁の回転が拘束されている。主桁の下フランジが腐食によって減肉しているので、疲労亀裂が発生しやすくなっている。亀裂がある箇所にはさびが発生している

だ。腐食した箇所のさびの中には塩化物イオンが入り込んでいるので、入念なケレン作業で除去する。この作業が不十分だと短期間に腐食が再発し、進行するリスクが高い。

　移動・回転機能は低下しているものの、腐食が軽微な場合は、内部を清掃してグリースなどを注入し、機能を回復させる方法もある。このような補修は、ピンローラー支承やローラー支承で行われている。

　腐食して機能が低下した鋼製支承のうち機能回復が難しいものは、新しい支承に

● 支承の移動・回転機能の確認方法の例

[ピン支承の回転機能]

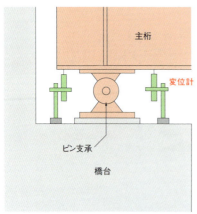

支承前後の鉛直方向の変位を車両通過時に計測

[ピンローラー支承の移動機能]

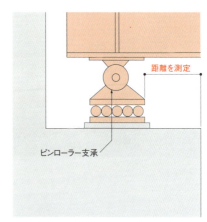

夏と冬に支承と橋座端部の距離を計測する

交換する必要がある。その際の留意点は、以下のとおりだ。

　まずは、アンカーボルトの取り扱いについて。既設支承のアンカーボルトだけでは耐力が不足する場合、増設する必要がある。削孔長は30cm以上が普通だ。

　コアボーリング機の高さは一般的に80cm以上あるので、鉛直方向に一定の作業空間を確保しないと削孔作業ができない。また、削孔時は下部構造の鉄筋に干渉しないように配慮を要する。

　このように様々な制約条件があるので、標準仕様から外れたベースプレートを製作することになる。

　次に、支承の高さについて。交換する支承の高さは、なるべく既設の支承に近いものを選ぶ。元の支承と比べて高くなる場合は、鉛直方向に空間を確保しなければならない。

　橋座面をはつって低くする方法だと、天端付近の鉄筋のかぶりが減少し、下部構造の耐久性が低下する懸念がある。また、主桁の端部を切断して高さを確保する方法もあるが、主桁の大規模な補強を伴う。どちらを採用するかは、必要な高さに応じて決定する。

橋台上のピン支承（固定）。支承全体が腐食しており、回転機能が低下している恐れがある

仮受けは前面か側面で

　最後に、ジャッキアップについて。既設の支承を撤去して新しい支承を設置する間、主桁を仮受けするとともに、既設の支承が支持している反力を開放するために、上部構造をジャッキアップしなければならない。ジャッキアップ量が3mm程度であれば、交換工事中であっても車両の通行に支障はない。

　仮受けする位置は、既設支承の前面あるいは側面のいずれかを、構造特性や現場状況に応じて選択する。

　支承の前面で仮受けする場合、仮受け位置での座屈を防止するために、主桁を補強する。前面の橋座に仮受け材を設置する余裕がない場合は、橋台や橋脚の側面にブラケットを設置する方法のほか、ベントを設置する方法がある。既設支承は橋軸直角方向に引き出す。

　支承の側面で仮受けする場合は、端横桁を補強して仮受けする方法と主桁の左右にブラケットを設置する方法がある。既設支承は前面（橋軸方向）に引き出して撤去する。仮受け位置の横桁や主桁には座屈防止の補強が欠かせない。

● 主桁端部を切断して支承の高さを確保

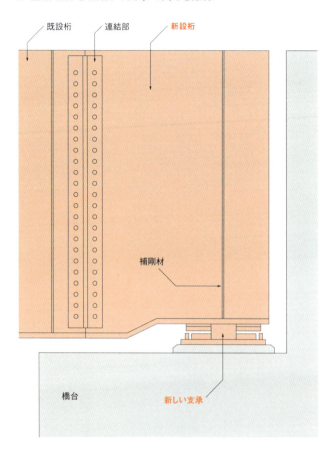

　前面と側面、いずれで仮受けする場合も狭あいな空間での作業を強いられる。事前に現地の状況を入念に調べ、設計や施工に反映させるのが鉄則だ。竣工図面だけをもとに設計して、施工方法を決定するのは危険だ。現況と異なっていれば、工事自体を実施できない事態に陥る恐れもある。

　上記以外では、伸縮装置の漏水防止にも気を配ってほしい。腐食原因が伸縮装置からの漏水であることを忘れず、止水に優れた製品に交換するなどの対策を講じるべきだ。

● 支承の交換に必要な主桁のジャッキアップにはいくつかの方法がある

［橋台にブラケットを設置する方法］

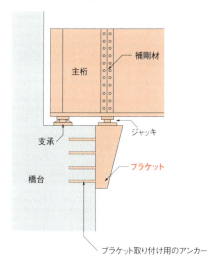

［ベントを用いる方法］

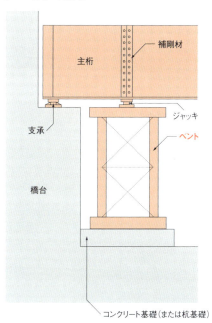

［主桁にブラケットを取り付ける方法］

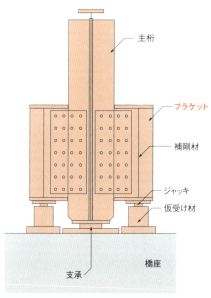

［端横桁を用いる方法］

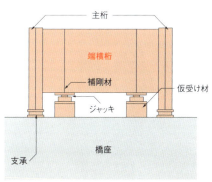

塗り替え塗装

30年持つはずの塗装 1年でさびが出た理由は?

Question3

[問題]

　ある自治体が管理している長さ30mの鋼I桁橋で、橋桁全体の塗装を塗り替えた。当分は塗り替えずに済むと期待していたところ、1年もたたないうちにさびが出始め、2年であちこちの部材に広がってしまった。

　使用したのは、鋼道路橋の新設では一般的な重防食塗装の「Rc−I塗装系」。30〜40年は防食性を保てる高性能な塗装として知られる。これまで用いてきた塗装では、10年前後で塗り替えが必要だった。今後は人手や費用を確保するのが一層難しくなるので、塗り替えにRc−I塗装系を適用することに決めたのだった。

　工事では手順通りに、鋼材の表面から1種ケレン(ブラスト工法)でさびなどを除去し、ジンクリッチペイント、エポキシ樹脂、フッ素樹脂の順に塗り重ねた。施工記録を調べると、材料はJISに規定された塗料であることが確認できた。

　長持ちするはずの重防食塗装で、すぐにさびが再発したのはなぜか。どうすれば、このような事態を防げたのか、考えてみてほしい。

(解答は192ページ)

この橋は、竣工から約25年がたつ鋼道路橋。海岸の近くに位置しており、風の強い日には潮風が到達する環境にあった

● Rc －I 塗装系の塗膜構成

| 弱溶剤形フッ素樹脂塗料上塗り |
| 弱溶剤形フッ素樹脂塗料中塗り |
| 弱溶剤形変性エポキシ樹脂塗料下塗り |
| 弱溶剤形変性エポキシ樹脂塗料下塗り |
| 有機ジンクリッチペイント |
| 1種ケレン　ISO Sa2 1/2 |
| 鋼材 |

塗り替えてから2年が経過した頃には、部材のあちこちにさびが出てしまった

「Rc-I塗装系」は、1種ケレン（ブラスト工法）でさびなどを除去し、ジンクリッチペイントを75μm程度の厚さで塗り、エポキシ樹脂、フッ素樹脂の順に塗り重ねる耐久性に優れた塗装だ。Rcは再塗装を、Iは1種ケレンを意味する

Answer
ブラストが不十分で性能を発揮できず

　重防食塗装の「Rc−Ⅰ塗装系」が長持ちするのは、下地にジンクリッチペイントを用いるからだ。塗膜の大部分が亜鉛の微細な粉末から成るジンクリッチペイントは、他の塗料と違って電気化学的防食作用を持つので、多少の腐食なら発生を抑制できる。
　効果を十分に発揮するには、ブラスト工法で塗膜に有害なさびや塩分を鋼面から除去しておく必要がある。ブラストによる事前の素地調整が不十分だと、この橋のように早期にさびが再発してしまう。

新設だけでなく、鋼橋の塗り替えにも重防食塗装を適用して構造物の長寿命化を図ろうという考え方は、2005年改訂の「鋼道路橋塗装・防食便覧」（日本道路協会）に盛り込まれてから、徐々に広まってきている。

　しかし、エポキシ樹脂塗料やフッ素樹脂塗料を用いれば重防食塗装になると勘違いしている人が少なくない。ましてや、ブラスト工法による素地調整が重防食塗装のカギであることは、ほとんど意識されていない。

　ジンクリッチペイントにはいくつかの種類がある。防錆性能が高いほど鋼面との付着が難しい。さびや塩分の除去と、付着を確保するための目荒しを同時にできるのは、今のところブラストだけだ。

　米国やカナダでは、ブラストの仕上がりを厳格に規定し、専門的な研修を経て認

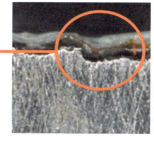

鋼材表面（断面）の拡大写真。Rc－I塗装工事でブラストしたが、数年のうちにさびが再発したケース。鋼材表面にバリが残っている

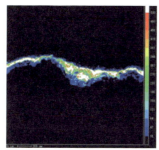

上の写真の鋼材について、ジンクリッチペイントに含まれる亜鉛の分布を調べた画像（白色部）。ジンクリッチペイントの厚さが不均一で、しかも薄い

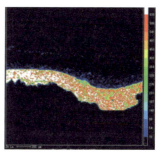

Rc－I塗装工事でブラストし、数年が経過してもさびが生じなかったケースの亜鉛の分布（白色部）。左の画像と比べると、ジンクリッチペイントが厚くて、ほぼ均一であると分かる

定を受けたインスペクター（第三者の検査員）を現場に配置するほど。日本でもブラストの仕上がりについて、もっと注意を払わなければならない。

日々の検査が重要に

　この自治体では、さびの再発を受けて詳しい原因を調査した。すると案の定、ブラストによるさび取りや目荒しが十分でなく、ジンクリッチペイントの膜が不均一になっていることが分かった。塗膜が規定よりもかなり薄い箇所があり、こうした部分からさびが再発していた。

　Rc-Ⅰ塗装系を採用した工事経験の不足、施工者の技術の未熟さが基本的な原因だろう。さびを再発させないためには、施工技術の向上や適切な品質管理が欠かせない。

　ブラストの品質を確保する一案として、次のような手順を示す。

　まず、工事着手前に発注者と受注者の間でブラストの品質レベルについて合意する。例えば、鋼材表面の除錆度や表面粗さの程度、鋼材の表面に付着している粉じんの量、素地調整後の付着塩分量といった具合に、具体的に品質を決める。

　次に、関係者の立ち会いの下で目標を共有し、合否の水準を確認する。そのうえで、日々の検査を着実に行う。いったん塗装してしまうと、素地調整の良し悪しが分からなくなってしまうからだ。

　ブラストは暗がりで行うことが多く作業環境が総じて良くない。作業しやすい箇

● ブラストの品質に関する目標の例

項目	目標	管理法
除錆度	仕上がりが「ISO Sa2 1/2」以上	仕上がり見本との対比（ISO 8501-1に準拠）
表面粗さ	仕上がりが80μmRz以下	表面粗さ計による計測か、粗さ見本との対比（JIS B 0601:2001に準拠）
表面付着粉じん	清掃後に塗膜かすやさびが付着していない	ダストテープによる評価（ISO 8502-3に準拠）
素地調整後の付着塩分量	平均50mg/m²以下	電導度法やガーゼ法などで計測

工事着手前に発注者と受注者の間でブラストの品質レベルについて合意する。立会者はブラストの品質管理に詳しい技術者

所はきれいに施工できるが、やりにくい箇所には非常に手間が掛かり、問題が生じやすい。従って、工事中の品質確認が重要となる。

ある塗装工事では、ブラストの品質管理に熟達した第三者の検査員に立ち会ってもらい、仕上がりが不十分な部分には是正を指示して、速やかに処置を完了させるようにしていた。指示が的確かつ効果的なので、施工者側にも「効率的に作業を終えることができる」と好評だった。

この自治体でも品質管理に関して改善を図ったところ、同様の橋で実施したRc－Ⅰ塗装工事では、さびの再発は見つかっていない。

分析技術 | 塗装が失敗した原因をどう究明する？

かつては、塗装が失敗した原因を究明することが困難だった。というのも、塗装の不具合には材料だけでなく、設計や施工といった様々な要因が絡み合うからだ。しかも、施工した直後に不具合が見つかることはまれ。発見時にはかなりの時間がたっていて、詳細な調査が一層困難になる。その結果、原因を不明としたまま、塗装計画を前倒しして対応することが多かった。

最近は分析技術の進化によって、時間がたっていても原因を判定できるようになっている。

193ページの写真や画像は、EPMA（電子線マイクロアナライザー）と呼ぶ装置で得られたものだ。EPMAは、電子線を試料の表面に照射し、放出される特性X線を検出する装置。特性X線の波長や強度から、試料に含まれる元素の種類や濃度を求める。劣化因子となる複数の元素の濃度を比較するなどして、不具合の原因を特定していく。EPMAはこれまで、コンクリートの塩害や中性化などの分析に用いていた。鋼材にも適用できる。

4元素を同時に分析できるEPMAの外観
（写真：保全技術）

PC橋の損傷と補修
主桁が10年で再劣化 原因と対策は？

Question4

[問題]

　海岸線近くの河口に架かるポストテンション方式の単純PC（プレストレスト・コンクリート）T桁橋で、主桁のコンクリートの剥離と鉄筋の露出が多数見つかった。剥離箇所の鉄筋近くをはつったところ、グラウトの未充填箇所も発見された。

　損傷が見つかった橋は、完成から30年が経過。建設後20年を経た時点で、表面被覆工などの補修工事を実施していた。橋長は33.3mだ。

　PCT桁橋はなぜ損傷したのだろうか。そして、調査や補修対策では、どのような点に注意すればよいのだろうか。

（解答は198ページ）

上は損傷が見つかった橋梁の全景。1979年に建設されたポストテンション方式の単純PCT桁橋だ。左は完成から20年後に施した表面被覆の状況

建設後30年が経過した2009年に主桁で見つかった剥離

剥離箇所をはつって発見したグラウトの未充填箇所

Answer
塩害が原因と推測
プレストレス量を確認

　この橋は海岸近くに架設されているので、塩害による損傷が発生していると考えられる。塩害環境下でグラウトの未充填箇所があると、PC鋼材に腐食による減肉や破断などが生じている恐れがある。変状の主因を特定することに加え、現有作用応力などのPC鋼材の状態を把握して補修対策を計画することが大切だ。
　万一、PC鋼材の破断などによる応力低下が認められた場合には、主桁の耐荷力を増強させる対策を施す必要がある。

損傷が見つかった橋梁は海岸近くに架設されており、内部鋼材に沿ってコンクリートにひび割れや剥離が生じていた。設置された環境条件や劣化の形状から、塩害が進んでいると考えられた。

　塩害環境下にあるPC橋で、グラウトの未充填箇所が見つかった場合、プレストレスが十分かどうかの確認が重要になる。

塩分とプレストレス量を調査する

　PC構造は、高張力鋼（PC鋼材）を配置して緊張定着することで、コンクリートに圧縮力（プレストレス）を作用させて外力に抵抗させる。引張力に対して脆弱なコンクリートに、できるだけ引張力が作用しないようにする構造だ。プレストレスの導入の仕方でポストテンション方式とプレテンション方式に分かれる。

　ポストテンション方式ならば、通常はPC鋼材がグラウト材（セメントミルク）で保護されているので、鋼材表面に不動態皮膜と呼ぶ酸化膜が形成され、PC鋼材は腐食しない。

　ところが、この橋で見つかったようなグラウト未充填の箇所ではPC鋼材が保護されていない。塩害環境下でPC鋼材が保護されていないと、不動態皮膜が形成されないだけでなく、ひび割れから塩化物イオンが浸透して鋼材腐食が促進される。

　それでも、外力による応力以上の現有作用応力（死荷重＋プレストレス）が作用していれば、ひび割れなどが発生せず、安全性を確保できる。しかし、PC鋼材の破断などでプレストレスが低下していると、現有作用応力が外力による応力を下回ることもある。その差がコンクリートの引張強度を超過すれば、ひび割れが発生。最悪の場合、落橋する。

　PC鋼材のグラウト不良箇所、もしくはグラウト不良の疑いがある変状箇所を発見した場合は、PC鋼材の腐食を生じさせる「劣化因子に関する情報」と、PC橋の生命線である「プレストレスに関する情報」の二つを調査で取得し、対策を練る必要がある。

　前者の劣化因子に関する情報は、この橋のように塩害環境ならば鋼材位置での塩化物イオン濃度だ。後者のプレストレスに関する情報は、グラウト充填状況とプレストレス量となる。プレストレス量は、死荷重とプレストレスが加わった応力状態である現有作用応力で確認する。

● PC（プレストレスト・コンクリート）の応力状態

［外力による応力＜現有作用応力の状態（フルプレストレス）］

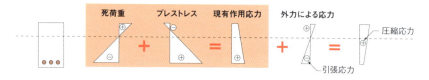

［外力による応力＞現有作用応力の状態（パーシャルプレストレス）］

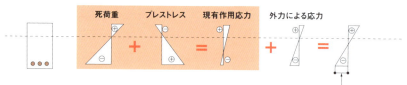

引張強度以上の引張応力が作用するとひび割れが発生

　この橋で最低限実施すべき調査は「含有塩分量調査」と「グラウト調査」、「現有作用応力調査」と判断した。

腐食環境にあったPC鋼材

　では、この橋で実際に行った調査や補修について紹介しよう。

　含有塩化物イオン濃度の調査は、「G2」と「G5」の二つの主桁ウエブからコアを採取し、「硬化コンクリート中に含まれる塩化物イオンの試験方法」（JIS A 1154）に準拠して電位差滴定法で全塩分量を分析した。

　G2とG5はともに、PC鋼材位置での塩化物イオン濃度が、鋼材腐食発生限界濃度である$1.2kg/m^3$以上を示していた。PC鋼材が腐食環境にさらされている状態だ。

　一方、表面部の塩化物イオン濃度は低かった。これは、結晶として固定していた塩が中性化に伴って塩化物イオンに分解され、中性化深さ付近に移動したためだと考えられる。中性化による塩化物イオンの濃縮と呼ぶ現象で、塩化物イオン濃度が高くなっている位置が中性化深さ付近だと推定できる。

　建設後20年で実施した補修工事の記録を見ると、除塩せずに表面保護工を施したと思われた。それにもかかわらず、ウエブ中心付近の塩化物イオン濃度は、ほか

● 主桁の塩化物イオン濃度分布

[G5桁]

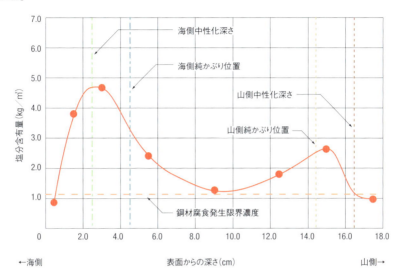

[G2桁]

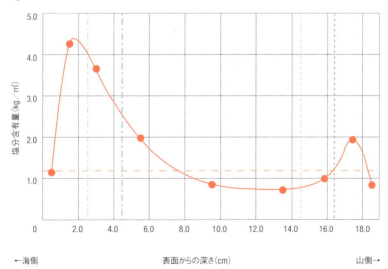

の部分に比べて低い1.0 kg/m³程度に収まっていた。表面保護工で塩分の供給が断たれるまでに浸透した塩化物イオンが、内部で拡散したためだろう。

グラウト未充填は1カ所だけ

　グラウト調査では一般に、非破壊試験のX線や弾性波による探査、微破壊試験のコア削孔法やファイバースコープ法などがよく使われる。ここでは、多数の箇所を調査できるファイバースコープ法を採用した。

　まずは、シース管の位置（平面的な位置と深さ）と鉄筋の位置（配筋間隔とかぶり厚）を、設計図書と比較しながら、非破壊検査の電磁波レーダーで探査してマーキングした。

　続いて、金属に接触すると自動で瞬時に停止するメタルセンサー機能付きのハンマードリルでシース管表面まで削孔した。ファイバースコープカメラの外径が9.8mmなので、削孔径を16mmとした。

　さらに、PC鋼材を傷付けないように気をつけながらシース管を切除し、ファイバースコープカメラを用いてシース管内の状況を確認。同時に画像を撮影して、レコーダーに記録した。

　調査を終えた後、無収縮モルタルで削孔部を復旧した。

　グラウト調査の結果、最初に見つけた箇所の鋼材だけがグラウト未充填の状態

● グラウトの充填状況

ファイバースコープカメラでグラウトの充填状況を確認した。左はグラウトの未充填箇所。右はグラウトが充填されている箇所

で、ほかの鋼材ではグラウト不良が発見されなかった。

プレストレス量の減少は見られず

　現有作用応力の調査は、応力解放法を使うのが一般的だ。測定方法の違いによって、「コア応力解放法」や「スロットストレス法」、「スリット応力解放法」などがある。ここでは、高い精度で現有作用応力を計測できるスリット応力解放法を実施した。

　まず、一様に圧縮応力が作用しているコンクリート部材に、かぶりより浅い深さで幅200mm以上のスリットを入れた。そのうえで、全視野ひずみ計測装置を用いて解放ひずみを計測し、現有作用応力を推定した。

　具体的には、ラインセンサーを持つ全視野ひずみ計測装置をコンクリート表面に取り付け、切削前の初期画像と切削後の画像を撮影。「デジタル画像相関法」によって、切削前後での同一点の移動量を求めた。

　デジタル画像相関法とは、画像解析の一種だ。初期画像にあるピクセル集合体のデジタル情報と同じ集合体を切削後の画像から探し、集合体の移動量と方向を解析。スリットを挟んだ対象点同士の距離が切削後にどれくらい変化したかを測定する。

　現有作用応力は、計測した対象点間距

グラウトの未充填箇所に起因する事故を防ぐために、非破壊検査などの調査技術が発展してきた

● 支間中央下縁での現有作用応力の推定結果

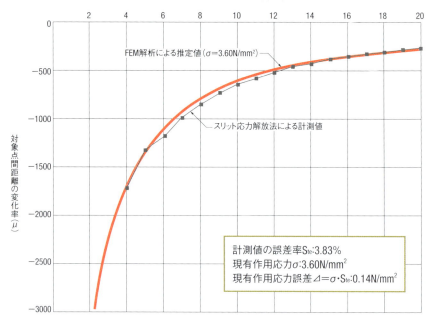

● プレストレスの推定値

	(1)現有作用応力	(2)死荷重	プレストレス[(1)-(2)]
スリット応力解放法	3.6N/mm²	-16.0N/mm²	19.6N/mm²
設計計算書	5.0N/mm²	-16.0N/mm²	21.0N/mm²

● デジタル画像相関法のイメージ

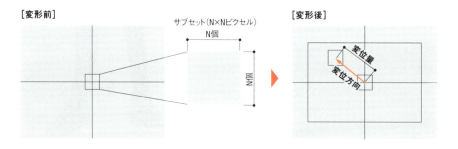

● 塩害の劣化過程

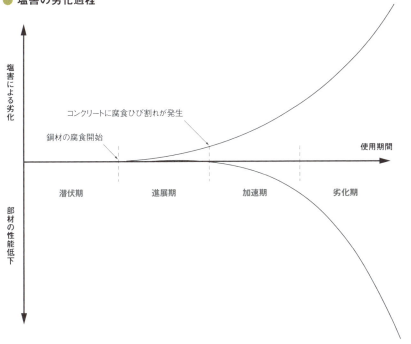

潜伏期	鋼材のかぶり位置における塩化物イオン濃度が腐食発生限界濃度に達するまでの期間
進展期	鋼材の腐食開始から腐食ひび割れ発生までの期間
加速期	腐食ひび割れ発生により腐食速度が増大する期間
劣化期	腐食量の増加により耐荷力の低下が顕著な期間

離の変化率の分布に近似する分布を、FEM解析の逆解析で求める。その結果、支間中央部下縁の現有作用応力は3.60 N/mm^{2}と推定。計測値との誤差率が3.83%で、精度は高かった。

　死荷重がマイナス16.0N/mm^{2}だったことから、プレストレス量は19.6 N/mm^{2}と計算できた。これは、設計計算値の93.3%だ。このくらいの減少ならば、施工誤差などでも考えられる。所定のプレストレス量を維持していると判断した。

● 電気防食(チタン溶射工法)の仕組み

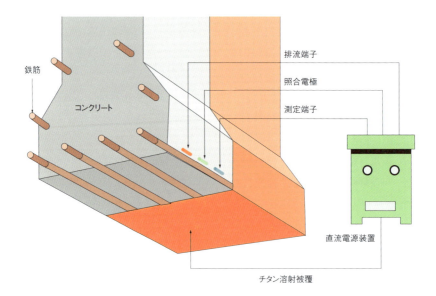

チタン溶射工法で電気防食を施してから2年が経過した状態。健全性を維持しており、適切な処置を施したことが裏付けられた

PC鋼材付近まではつるのは不可

　以上の調査結果から、変状の主因は塩害であること、グラウト未充填は1本のPC鋼材にとどまっていること、プレストレス量の減少は無いことが確認できた。そこで、対策として塩害の補修を講じた。

　塩化物イオン含有量調査などから、主桁は塩害による劣化過程の「加速期」に該当すると判断できた。加速期の補修対策で考えられるのは、（1）高濃度塩分を除去して断面修復と表面被覆、（2）電気防食、（3）電気化学的脱塩などだ。

　高濃度塩分を除去して断面修復するには、PC鋼材位置の付近までコンクリートをはつらなければならない。PC橋では、コンクリートを除去した箇所のプレストレスが喪失するので、これでは構造的に成り立たなくなる。電気化学的な補修工法だと、電気化学的脱塩よりも電気防食の方が確実に防食できてライフサイクルコストを抑えられる。

　検討の結果、電気防食をベースにした補修対策を計画。チタン溶射工法を選んだ。さらに剥離や浮き、鋼材露出箇所については断面修復し、グラウト未充填鋼材のグラウト再注入も実施した。

　補修後2年経過したが、健全な状態を維持している。適切な対策工を実施したと判断できる。

アルカリシリカ反応の診断
ASRのひび割れ 亀甲状でない理由は?

Question5

[問題]

　コンクリート構造物を適切に維持・補修するには、発生したひび割れの原因を明確にしなければならない。今回は、アルカリシリカ反応（ASR）によって生じたひび割れを見分ける方法を取り上げる。

　ASRは、コンクリート中の細孔溶液に含まれる水酸化アルカリ（KOHやNaOH）とアルカリ反応性骨材（反応性の鉱物を含む骨材）の化学反応で生成したアルカリシリカゲルが、水分の供給で異常に膨張する現象。その結果、コンクリートにひび割れが生じる。

　ASRによる典型的なひび割れは、一般に「亀甲状（網目状）」と説明される。しかし、実際にはひび割れに一定の方向性があることが多く、現場で判断に迷うかもしれない。

　例えば、右ページの上の写真はASRによってPCホロー桁の下面に生じた橋軸方向のひび割れだ。下は、RC造の擁壁に生じたひび割れ。天端付近（写真上部）に、水平方向のひび割れが生じている。なぜ、このように一定の方向にひび割れが生じるのか。構造物の特徴を踏まえて理由を考えてみてほしい。

（解答は210ページ）

ASRによってPCホロー桁の下面で橋軸方向に発生したひび割れ。白色のゲルがにじみ出している。桁の内部には、水が滞留していると考えられる

RC造の擁壁に発生したASRによるひび割れ。亀甲状のひび割れに加え、天端付近（写真上部）に水平方向のひび割れが生じている

Answer
コンクリート部材に働く拘束力が影響

　ひび割れの方向は、コンクリート部材に作用する拘束力に密接に関連している。アルカリシリカ反応（ASR）によるひび割れは、拘束力が大きい方向と直交する方向には生じにくい。つまり、拘束方向に沿ったひび割れが発生することが多い。例えば、RC桁では主鉄筋によって橋軸方向に強い拘束力が働いているが、主鉄筋と直交する方向の拘束力は弱い。そのために、主鉄筋方向にひび割れが発生する。

PC桁は、PC鋼材で導入したプレストレス力によって橋軸方向に強く拘束されるが、これに直交する方向の拘束力は弱い。従って、PC鋼材の方向にひび割れが発生したと考えられる（209ページ上の写真）。

　RC造の擁壁の場合、天端付近では鉛直方向の拘束力が弱く、水平方向にひび割れが発生したようだ。その下の部分では鉛直方向と水平方向で拘束力に差がないので、亀甲状のひび割れが生じている（209ページ下の写真）。橋脚や橋台たて壁の天端付近にも、同じように水平方向のひび割れが発生する事例が多い。

環境条件なども判断に使える

　外観からASRによるひび割れだと判断するには、ほかにもいくつかの方法があるので紹介しよう。

　例えば、コンクリートの表面に手を当てた際の感触。ひび割れに段差ができていたり、表面が盛り上がっていたりする場合がある。

　また、ASRによるひび割れでは、内部から白色（乳白色や黄褐色の場合もある）のゲル状物質がにじみ出している場合が多い。

　構造物が置かれた環境条件も手掛かりになる。ASRの進行には水分が不可欠なので、水分が供給される環境条件にある部位でひび割れが発生する。逆に、常に乾燥している部位ではASRは進行しない。

　竣工時期も参考になる。ASRによるひび割れは完成後2、3年以上が経過して発

● **アルカリシリカ反応でひび割れが生じる仕組み**

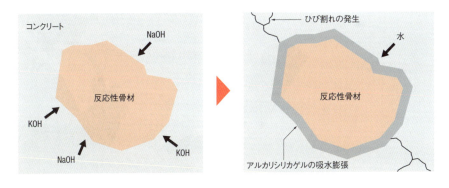

生し、5、6年以上が過ぎて目立つようになることが多いとされる。従って、完成直後から発生しているひび割れはASRによるものではないと判断できる。

一方、凍害によるひび割れは、ASRによるひび割れと外観上の特徴が似ていて判断が難しい。

従来は、寒冷地の構造物に生じた亀甲状のひび割れは凍害が原因とされてきたが、最近はASRによるものも存在すると考えられている。塩化物イオンはASRを促進させるので、融雪剤を散布する地域では、凍害と塩害およびASRによる「複合劣化」とみられるひび割れもあるので注意が必要だ。

● ASRが原因で橋に現れた様々な変状

RC橋脚の天端付近に水平方向のひび割れが発生した。表面は濡れているようだ。その下の部分には亀甲状のひび割れが見られる。ASRが原因と疑われる事例だ

ASRが原因でRC造のラーメン橋脚に発生したひび割れ。横梁部分では、水平方向の鉄筋量が多く拘束力が大きい。一方、鉛直方向の拘束力が弱いので、水平方向にひび割れが発生している。ひび割れからは白色のゲルがにじみ出ている

各試験方法には課題や留意点も

　特徴的なひび割れがみられない場合や、客観的なデータに基づいて判断したい場合は、(1) 採取したコア面のアルカリシリカゲルを確認、(2) 偏光顕微鏡などを用いて反応性骨材の有無を確認、(3) 骨材のアルカリシリカ反応性を判定、(4) 圧縮強度と弾性係数による判定、といった試験が行われている。

　しかしながら、これらの試験には課題や留意点があることを認識しておく必要がある。

ASRのひび割れが発生しているRC橋脚である。上部構造が完成している橋脚は雨水の影響を受けにくい状況にあるため、ASRによるひび割れは発生していない

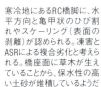

寒冷地にあるRC橋脚に、水平方向と亀甲状のひび割れやスケーリング（表面の剥離）が認められる。凍害とASRによる複合劣化と考えられる。橋座面に草木が生えていることから、保水性の高い土砂が堆積しているようだ

(1) と (2) の方法は、岩石学や鉱物学に関する専門知識を持った技術者でないと正確に判断できない。

　(3) には、JIS（日本工業規格）に規定されている「化学法」（JIS A 1145）と「モルタルバー法」（JIS A 1146）があるが、本来は新設構造物を対象として、骨材のアルカリシリカ反応性を判定する試験方法だ。

　従って、既設のコンクリート構造物に適用する際は採取したコアから骨材を取り出して試験することになる。化学法なら骨材を150〜300μmに粉砕して試験する。モルタルバー法では、採取した骨材を5mm以下の粒度にして供試体を作成し、試験を実施する。

　試験の結果は、各方法で規定したしきい値を用いて「無害」あるいは「無害でない」と判定する。

　最近の知見によると、これらの試験方法ではASRがゆっくりと進行する鉱物を適切に評価できないとされる。また、骨材に付着したセメントペーストが結果に影

● ASRの判定や進行の予測に用いる試験方法の例

[ASRの判定]

試験方法	概要
化学法 （JIS A 1145）	骨材がアルカリシリカ反応を起こさないかどうかを調べる方法。粉砕した骨材に水酸化ナトリウム溶液を加えて加熱し、溶液のアルカリ濃度減少量と、骨材から溶液中に溶け出したシリカ量を測定して判断する
モルタルバー法 （JIS A 1146）	セメントと水、水酸化ナトリウム水溶液、細骨材でモルタルをつくり、高温多湿で養生。脱型時から脱型後6カ月まで供試体の長さを定期的に測定して、膨張量から骨材がアルカリシリカ反応を起こさないかどうか判断する

[進行の予測（残存膨張量試験）]

試験方法	概要
JCI-DD2法	温度40℃以上、湿度95%以上の条件下で促進養生し、全膨張量が0.1%を超える場合は有害と判定する
飽和NaCl溶液浸漬法 （デンマーク法）	温度50℃の飽和塩化ナトリウム溶液中に浸漬して養生。膨張量を測定する
NaOH溶液浸漬法 （カナダ法）	温度80℃、1規定（1N）の水酸化ナトリウム溶液に浸漬して養生。膨張量を測定する

骨材のアルカリシリカ反応性試験（モルタルバー法）の試験状況。四角柱状のモルタルバーの長さの変化を測定している

響するなど、既設構造物に適用するには問題点が多く、「無害」と判定したのにASRが原因だったひび割れもある。

（4）は、ASRでコンクリートの組織が緩むことを利用した方法。圧縮強度や弾性係数が低下していれば、ASRと判断する。ただし、ASRだけが原因と断定できないのが難点だ。他の調査や試験結果と併せて判断しなければならない。

（1）～（4）の試験結果をもとにASRが原因だと特定できるケースはあるが、精度上の課題やコストと時間が掛かることなどから、維持管理の現場への適用は難しい面がある。

なお、日本コンクリート工学会の「ASR診断の現状とあるべき姿研究委員会」が2014年7月、ASR診断の現状と各試験方法の課題などをまとめた最終報告書を発表した。関心があれば参考にしてほしい。

進行予測も簡単ではない

ASRによる膨張の進行を精度よく予測できる手法は、まだ確立されていない。現状では、ひび割れ幅や膨張量の継続的な測定、採取コアの促進養生による「残存膨張量試験」によって、予測が行われている。

ひび割れ幅や膨張量の測定では、測定値が温度変化による伸縮の影響を受けるので、少なくとも1年以上は測定を継続する必要がある。判断は前年のデータと比較して下す。

残存膨張量試験は、構造物から採取し

試験を実施しても、ASRの判定ができるとは限らないことを理解しておこう

たコアを高温・高湿、高アルカリといった環境下で促進養生し、そのコンクリートがASRで膨張する可能性を推定する試験だ。

上述のモルタルバー法と同様に温度40℃、相対湿度95%以上の環境で促進養生させて行う「JCI-DD2法」のほか、「飽和NaCl溶液浸漬法」(デンマーク法)、「NaOH溶液浸漬法」(カナダ法)がある。

結局のところ、橋の損傷に詳しい技術者が判断したほうが、早くて安上がりなのでは

それぞれ養生方法が異なるので、膨張の挙動も異なる。また、コアを採取した構造物が置かれていた環境と大きく異なる条件下で試験を実施するので、残存膨張性を「有り」と判定しても、実際の構造物では膨張しない場合がある(その逆もある)。

「有り」、「無し」を判定するしきい値は、十分な調査研究に基づいたものではなく、現状では精度良く残存膨張を推測できる段階にない。

以上のように、各種の試験に長い時間と多額の費用を掛けても明確な判定が得られないことが多い現状を踏まえると、熟練技術者が外観からASRによるひび割れか否かを判定し、測定や観察を継続的に行って進行の有無を判断するのが、最善の方法ではないだろうか。

なお、完成から40年以上が経過したような構造物でASRが進行するとは考え難いので、そもそも進行を予測する必要がないことも付け加えておく。

損傷の実例 | ASRが進んだ橋で架け替えを決断

　群馬県嬬恋村が管理する大前橋は、1958年に竣工した5径間単純RCT桁橋。橋長は73.1m、幅員は4.5mだ。国土交通省が2014年度に創設した直轄診断制度を利用し、コアを採取するなどして、橋の状態を詳しく調べた。

　その結果、交通荷重による劣化はみられなかったものの、塩害やアルカリシリカ反応（ASR）による損傷が至るところで見つかった。

　診断を担った国交省国土技術政策総合研究所橋梁研究室の玉越隆史室長は、「特に上部構造の上半分でアルカリシリカ反応がひどく進行していることが判明した」と語る。

　現在の利用状況を維持するのであれば、断面修復などの補修でしばらくはしのげそうだ。しかし、橋を拡幅したり、大型車両の交通規制を解除したりするのは、極めて困難な状態だった。

　村は国の大規模修繕・更新補助制度で財源を捻出し、架け替えることにした。

大前橋は、村の中心部と対岸のJR大前駅や福祉施設を結ぶ（写真：日経コンストラクション）

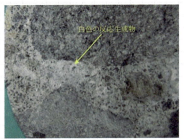
採取したコアを観察すると、白色の反応生成物が多く見られた（写真：国土交通省）

● 損傷と推定した原因、措置の必要性

	代表的な損傷	主な原因	措置の必要性
全体	遊間異常、高欄部のずれ	橋台背面の土圧の影響	・周辺地盤を含めた橋全体の変動計測
主桁など	ひび割れ	荷重の影響は小さい。アルカリシリカ反応の影響が大きい	・桁内への雨水の浸入防止 ・ひび割れ補修、脱塩、再アルカリ化 ・材料試験の実施
床版	ひび割れ	疲労の影響は小さい。アルカリシリカ反応の影響が大きい	・路面排水システム、床版防水の設置 ・床版上面の調査 ・材料試験の実施
高欄・地覆など	コンクリートの剥離、鉄筋露出、断面欠損	塩化物、使用材料などの影響	・早期の取り替え、断面修復

措置は現在の利用状況を前提とした場合（資料：国土交通省）

● 橋台背面の劣化状況はコアを貫通させて調査する

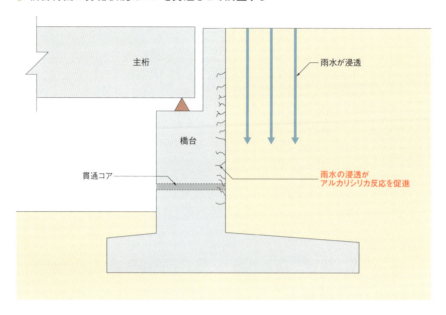

RC橋台のたて壁前面から背面に向かって貫通させて採取したコア。背面側にひび割れが生じており、採取した時点でコアが折れていた

水分の浸入防止が有効

　続いて、補修・補強時の留意点を解説する。

　ASRによってコンクリートの強度や弾性係数が低下しても、鉄筋が健全であれば構造物全体の耐力には大きく影響しないと考えられる。一方、ASRで発生したひび割れが鉄筋の位置まで到達していれば、鉄筋は腐食しやすい環境にあるので、耐力の低下につながる恐れがある。

　ASRによる膨張が顕著な箇所の鉄筋の曲げ加工部において、鉄筋の亀裂や破断が確認された事例がある。ひび割れ幅が大きい箇所ではコンクリートをはつり、鉄筋の亀裂・破断・腐食状況を調査しなければならない。

　鉄筋に亀裂や破断が認められた場合は補強が必要だ。鉄筋が腐食していた場合は、腐食程度とその鉄筋の構造的な役割を検討した上で補修・補強を判断する。今のところ、ASRの進行を確実に抑制できる工法は開発されていないものの、水分の浸入を防止する対策は有効と言える。

　ただし、橋台や擁壁では水分が背面から浸透するので、前面よりも背面でASRによるひび割れが進行している場合がある。従って、前面から背面まで貫通させてコアを採取し、背面の損傷状況を調べる必要がある。

　背面からの水の浸入を防止する対策を、前面から行うのは難しい。抜本的には背面土砂を撤去して防水するのが有効だが、大規模な工事となる。土圧に抵抗する機能が大きく低下していると判断されれば、更新も視野に入れなければならない。

協力者・執筆者紹介、初出一覧

本書のMISSION2のFile.4およびMISSION4は、日経コンストラクション誌に掲載した連載「クイズ維持・補修に強くなる」を再編集したもの。以下の数字は掲載ページ、カッコ内は日経コンストラクション誌での掲載号を示す。執筆者の所属や肩書きは執筆時のもの。特記以外の写真・資料は執筆者が提供

協力者・執筆者紹介

松村 英樹（まつむら・えいき）

1976年日本大学大学院理工学研究科修了。松村技術士事務所代表。橋梁調査会橋梁診断室技術アドバイザー。技術士（総合技術監理、建設）、土木学会フェロー 特別上級土木技術者［メンテナンス］。本書ではMISSION3の監修とMISSION4の執筆を担当
▶174-179（2015年4月13日号） ▶180-189（2015年5月11日号） ▶208-219（2015年9月28日号）

樋野 勝巳（ひの・かつみ）

1977年九州工業大学卒業後、ショーボンド建設で構造物の維持管理全般に従事。2014年より樋野企画代表。橋梁調査会橋梁診断室技術アドバイザー。技術士（総合技術監理、建設）。本書では、MISSION2およびMISSION3の監修を担当

月原 光昭（つきはら・みつあき）

1980年に信州大学工学部土木工学科卒業後、日本構造物設計事務所に入社して橋梁設計に従事。2003年に矢木コーポレーションに入社し、現在は同社システム部長。1994年に橋梁メンテナンス研究会（現・NPO法人橋梁メンテナンス技術研究所）の創設に参加し、現在は同NPO法人事務局長。本書ではMISSION2の監修と執筆を担当
▶92-95（2015年1月12日号）

片脇 清士（かたわき・きよし）

合同会社管理技術代表。土木研究所で鋼橋の塗装、コンクリート防食の技術開発、技術指導に携わる。数回にわたって塗装便覧を作成。現在は、橋梁管理者への助言を行っている。「鋼道路橋の腐食と対策」を月刊技術誌・防錆管理（日本防錆技術協会）に連載中。本書ではMISSION4の執筆を担当
▶190-195（2015年2月9日号）

宮城 正（みやぎ・ただし）

1967年生まれ。90年に大富建設コンサルタントに入社、2003年にホープ設計に入社し、主に橋梁下部工の設計と維持・補修に携わる。技術士（建設）、RCCM（鋼構造およびコンクリート、道路）。本書ではMISSION4の執筆を担当
▶196-207（2014年1月27日号）

肥田 研一（ひだ・けんいち）

1950年生まれ。74年に千代田コンサルタントに入社し、主にPC長大橋の設計と維持・補修に携わる。2006年にK&Tこんさるたんとを設立。技術士（建設）、コンクリート診断士、コンクリート構造診断士。本書ではMISSION4の執筆を担当
▶196-207（2014年1月27日号）

本書のMISSION1〜MISSION3は、日経コンストラクション誌に掲載した下記の記事を加筆・再編集したものに、新たな書き下ろしを加えて構成した。記事中の肩書きなどは原則として取材時点のもの。特記以外の写真は松村技術士事務所、NPO法人橋梁メンテナンス技術研究所、樋野企画から提供を受けた。また、本書に掲載した特記以外の図表は日経コンストラクションが作成した

初出一覧

- 2010年5月28日号 特集「補修が危ない」

- 2012年2月27日号 事故に学ぶ「補修時に誤って床版の主筋まで切断」

- 2012年5月28日号 ズームアップ「築77年の現役可動橋をリベット補修」

- 2013年11月11日号 特集「品質の盲点」

- 2015年4月27日号 特集「それゆけ!老朽橋探偵」

- 2015年7月13日号 特集「老朽橋探偵の『補修』事件簿」

- 2015年8月24日号 特集「インフラマネジメント 壁の向こう側」

- 2015年10月12日号 特集「橋梁点検"超"入門」

老朽橋探偵と学ぶ
謎解き！橋の維持・補修

2015年11月24日　初版第1刷発行
2022年9月14日　初版第4刷発行

編者	日経コンストラクション
発行者	戸川 尚樹
編集スタッフ	木村 駿
発行	日経BP社
発売	日経BPマーケティング
	〒105-8308　東京都港区虎ノ門4-3-12
アートディレクション	奥村 靫正（TSTJ inc.）
装丁・デザイン	佐藤 正明／米川 智陽
印刷・製本	図書印刷株式会社

ISBN:978-4-8222-0054-1
©Nikkei Business Publications, Inc. 2015
Printed in Japan

本書の無断複写・複製（コピー等）は著作権法上の例外を除き、禁じられています。購入者以外の第三者による電子データ化および電子書籍化は、私的使用を含め一切認められておりません。

本書籍に関するお問い合わせ、ご連絡は下記にて承ります。
https://nkbp.jp/booksQA